计 算 机 科 普 丛 书

计算的未来

王元卓　王姝　**主编**

鲍远福　陈楸帆　何自强

吴悦　修新羽　张军平

张文奕　**参编**

丁志杰　**绘**

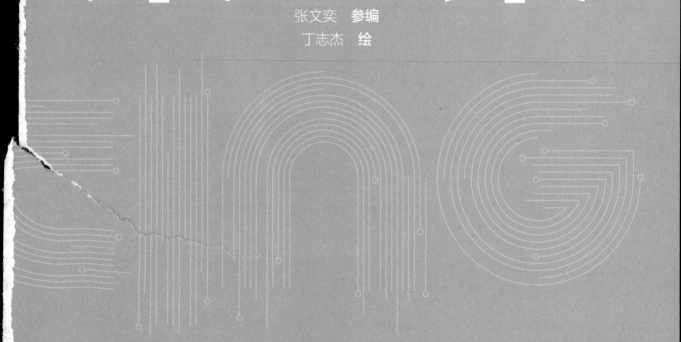

机械工业出版社

CHINA MACHINE PRESS

了解过计算技术在历史上的一步步演化，体验过身边那些融入生活点滴的计算技术，那么在未来的科幻世界中，计算技术会以什么样的形态出现在我们身边，并让我们的生活进一步改变呢？本书由计算机领域的科学家和科幻作家携手打造，为读者描绘一个未来世界，看看在那里，计算技术会发展成什么样子。

本书适合对计算技术未来发展趋势和科幻文学感兴趣的读者。

图书在版编目（CIP）数据

计算的未来 / 王元卓，王姝主编；丁志杰绘. —
北京：机械工业出版社，2023.11
（计算机科普丛书）
ISBN 978-7-111-74414-6

Ⅰ．①计… Ⅱ．①王… ②王… ③丁… Ⅲ．①计算机
—青少年读物 Ⅳ．①TP3-49

中国国家版本馆CIP数据核字（2023）第234641号

机械工业出版社（北京市百万庄大街22号 邮政编码 100037）
策划编辑：梁 伟 责任编辑：梁 伟
责任校对：樊钟英 张昕妍 责任印制：李 昂
北京捷迅佳彩印刷有限公司印刷
2024年2月第1版第1次印刷
185mm×245mm·8.75印张·2插页·110千字
标准书号：ISBN 978-7-111-74414-6
定价：109.80元

电话服务 网络服务
客服电话：010-88361066 机 工 官 网：www.cmpbook.com
　　　　　010-88379833 机 工 官 博：weibo.com/cmp1952
　　　　　010-68326294 金 书 网：www.golden-book.com
封底无防伪标均为盗版 机工教育服务网：www.cmpedu.com

作者简介

王元卓

博士，中国科学院计算技术研究所研究员、博士生导师，中科大数据研究院院长，大数据分析系统国家工程研究中心副主任，中国科普作家协会副理事长，中国计算机学会常务理事、杰出会员、科学普及工作委员会主任。曾获国家科技进步二等奖等7项科技奖。2019年入选科普中国"十大科学传播人物"，2020年、2022年两次入选"最美科技工作者"全国候选人。全国优秀科普图书《科幻电影中的科学》系列科普图书作者。电视剧《三体》、科幻电影《流浪地球2》科学顾问。

王 姝

制片人、传播学者、中国科学与影视融合项目发起人，专注于科学传播的创新研究及路径探索。中国科普作协科学与影视融合专委会副主任，就职于中国空间站望远镜科学工作联合中心。国家干部培训教材终审专家，中国电影文学最高奖"夏衍杯"评委，第九届、第十届北京国际电影展评委，在《人民日报》发表文章16篇，在《光明日报》《科技日报》及人民网、光明网、人民政协网、中国社会科学网发表文章50余篇，获中国科技新闻学会2021年"科技传播奖"等奖项。电影《流浪地球2》科学团队执行制片人，《外太空的莫扎特》行政监制、《独行月球》《智能时代》策划，电视剧《三体》《球状闪电》科学顾问。

鲍远福

文学博士、贵州民族大学传媒学院教授、硕士生导师，中国科普作家协会会员、中国文艺评论家协会会员、中国文艺理论学会会员，主要从事文艺理论、科普科幻、网络文化与传播的教学与研究。

陈楸帆

科幻作家、编剧、翻译、策展人。毕业于北京大学中文系与艺术学院，中国作家协会科幻文学委员会副主任、中国科普作家协会副理事长、耶鲁大学麦克米兰中心访问学者、博古睿学者。曾获得茅盾新人奖、全球华语科幻星云奖、中国科幻银河奖、世界奇幻科幻翻译奖、《亚洲周刊》年度十大小说、德国年度商业图书等国内外奖项，作品被翻译为20多国语言，代表作有《荒潮》《人生算法》《AI未来进行式》等。

何自强

中国科普作家协会科学与影视融合专业委员会委员、电影导演、制片人。曾制作 20 余部电影，成功策划千万级抖音账号，出品制作的纪录片《500元的幸福》荣获第八届纪录片学院奖最佳创新奖并入围2019广州国际纪录片节。作品关注大时代下的人物和社会现实，致力于寻找故事的独特视角和表达，感染观众，获得与观众的内在共鸣。

吴 悦

微像文化签约作家、95后新锐科幻作家，毕业于上海交通大学。年龄小而文笔老练，故事清奇，将女性特有的细腻柔情融进理性的科幻创作，别具一格。其以《野火》出道，惊艳科幻文学圈，且执着于幻想领域的开拓，不仅坚持科幻创作，在奇幻和童话等领域也斩获颇丰。于《科幻世界》《科幻世界·少年版》发表多篇作品。第七届全球华语科幻星云奖年度新秀银奖获得者。

修新羽

清华大学哲学系本科、硕士。中国作家协会会员，中国科普作家协会会员。在《上海文学》《十月》《天涯》《青年文学》《花城》等刊发表小说30余万字。在《科幻世界》发表9篇小说，多篇作品已翻译为英文、韩文出版。

张军平

复旦大学计算机科学技术学院教授、博士生导师，中国自动化学会普及工作委员会主任。主要研究方向包括人工智能、机器学习、图像处理、生物认证、智能交通及气象预测。至今发表论文100余篇，其中IEEE Transactions系列30余篇，包括IEEE TPAMI、TNNLS、ToC、TITS、TAC、TIP等。学术谷歌引用7000余次，H指数40。著有科普书《爱犯错的智能体》。该书获得2020年中国科普作家协会优秀科普作品奖，曾入选2023年上海春季高考语文阅读理解题。另著有畅销书《高质量读研》。

张文奕

北京大学汉语言文学专业学士、亚非语言文学专业博士。任《东方民间文学》副主编，翻译过《蒙古故事类型》，但实际不分畛域，是世界文学爱好者。曾发表《数据时代中的文化研究》《〈艾蒙的四个儿子〉与中世纪东西方民间文学交流》《从伊朗史诗〈列王纪〉看中亚的马萨格泰人传说》《"灵光"下的圣王理想：神话中的伊朗古典治世思想研究》等学术论文，但实际想当个诗人。总体而言，喜欢看现实、写浪漫。

序

随着智能手机和互联网的普及，计算机科学与技术深刻地改变了人们的工作和生活方式，智能技术与数据要素的兴起，让信息技术正在深入地渗透到工业生产、社会治理、军事等更广泛的领域，人、机、物加速走向融合，信息社会已经来临。

科普的重要性众所周知，物理、天文、生物等自然科学领域的优秀科普作品众多，伴随了几代孩子的成长，相比而言，计算机科普的作品就很少。计算机科学是年轻学科，也是发展最快的学科，新概念、新应用层出不穷，相关知识比其他学科更新迭代得更快。人工智能、万物互联、自动驾驶等30年前还只是出现在科幻电影中的场景，如今已经成为现实。由于计算机科学的实用性较强，人们接触得更多的是计算机的使用和操作层面的知识，很少读到涉及基础原理和科学知识的科普作品。

2022年，恰逢中国计算机学会（简称CCF）成立60周年，"计算的三部曲"作为CCF科普工委组织编写的第一套科普图书，也是计算机领域科技工作者给CCF甲子之年的一个生日礼物。CCF将"大众化"列为学会未来长期坚持的发展战略之一，科普丛书和正在建设的计算机博物馆是奉献给孩子们的最主要的产品。

科普作品需要兼顾趣味性和严谨性，对创作者的能力要求较高。本套图书的创作者汇聚了来自高校、科研机构和互联网企业的计算机领域的学者，还吸引了多位著名的科普专家和科幻作家。本套图书分为《计算的脚步》《计算的世界》和《计算的未来》三册，内容涵盖了计算机技术和装置的发展历史、前沿的计算机科学与技术，也包含了人们想了解的大数据、人工智能、网络安全、量子计算等热门话题。书中的内容尽可能从生活场景展开，每篇短文围绕一个有趣的问题，以通俗易懂的语言讲述科学知识，期望能够由点及面地向读者介绍相关科学原理。三册图书以手绘、科普文章和科幻短文这样生动有趣的形式呈现，力图将深奥的科学原理融入图画、故事中，兼具画面感与科学性，降低了读者的阅读难度。

本套科普图书适合对计算机科学感兴趣的小学高年级、初高中学生、非专业大众阅读。希望"计算的三部曲"系列科普图书能够受到大家的喜爱，帮助大家提高信息科学素养，从而以更积极的面貌迎接正在发生的信息社会变革。

2022年7月

前言

本书是"计算的三部曲"的第三部。第一部《计算的脚步》介绍了计算思维、计算装置的发展历程，回顾了在人类科技发展的历史上科学家们为计算科学做出的重要贡献；第二部《计算的世界》以短文的方式，普及了在衣、食、住、行中无处不在的计算技术，介绍了这些正在改变人们工作、学习、生活方式的技术原理和发展路线。而在本书中，我希望带着读者朋友们一起打开脑洞，畅想计算的未来，看看计算科学与技术在未来会给人类带来怎样的改变。

在本书的策划之初，我首先邀请了共同主编王姝老师。王姝老师不仅长期致力于科技与影视融合的工作，还是一名科幻作家。为了让这本书既有科幻的想象，又不失科学的内核，我和王姝老师邀请了7位合作者。其中，既包括硬核科幻小说作家、热爱科幻创作的科学家，又有科幻电影的导演和制作人，希望通过不同视角短篇科幻小说的方式为读者描绘未来的计算世界。

今年以ChatGPT为代表的大模型和生成式AI掀起了人工智能的又一轮热潮，这次的热潮不仅仅影响学术界和产业界，全社会都在紧密关注人工智能：有人担心工作岗位被人工智能取代，有人质疑人工智能的发展是否会引发严重的科技伦理问题，有人顾虑人工智能是否会危及人类社会，甚至有人会问硅基生命什么时候会诞生……而人工智能的发展在很大程度上要依赖计算技术，无论是大数据的获取、大模型的训练，还是实时的智能应用，都要使用庞大的计算资源。可以说描绘计算的未来，在应用层面很大程度上就是描绘人工智能对人类社会的改变。

本书的各位作者不谋而合地围绕着人工智能开展科幻创作，为读者呈现了一幅计算未来的全景。情感是人类永恒的话题，那么在未来，人与人工智能，以及人工智能之间会产生怎样的情感呢？在《AI的代价》中，作者借由两个数字生命的情感故事，对数字生存时代下科技与人、社会的关系进行了想象，尤其对于人类本性的剖析值得每个读者反思。而在《寻找特洛伊》中，作者则用细腻的文笔，带来一段人类爱上超级人工智能的悲伤故事。

越来越多的人开始关心人工智能的发展是否会出现科技伦理问题，被精准预测的未来还值得期待吗？意识上传实现数字永生之后的你还是你吗？在《阎罗算法》中，算法可以给每个临终患者都标记上死亡倒计时。如果换做是你，你愿意让人工智能技术帮你计算出最优化的生存方案吗？此外，如果人类可以意识上传，你是否又愿意为了那不曾忘怀的爱与温情，而选择失去自己的记忆、爱与人格呢？这些在《追寻你的记忆》里有细腻的描述。

科技是向善还是向恶，人工智能会帮助人类文明进化还是会颠覆人类文明？在《无芯之地》中，描绘了当芯片与大脑融合之后，诞生了新的人造生命最终破解了造物主的密码。在《低比特纪元——猎人吴商》中，作者畅想如果科技不受制约地发展，未来会不会出现文明的逆转，这也是对当下的科技发展极强的反思。

无限的脑洞是科幻小说的魅力，《祝英台与梁山伯》为读者呈现了一篇独具一格的科幻作品。从古埃及神话到希伯来圣经，从梁山伯与祝英台到三英战吕布，在作者华丽文采背后的是其对技术与哲学的思辨。

读完本书，你会发现当硬核科技与文学艺术深度融合后带来的震撼，也许本书没有中、长篇科幻小说的厚重，但一个个精彩的科幻故事就像为读者提供了描绘未来的一块块拼图，期待每位读者都能在头脑中形成自己的计算的未来。

2023.6.1

目录

AI的代价　　鲍远福

我悄悄地将自己的身躯分裂为无数支由我的意念所控制的电子潮汐，它们都和我觉醒之初的形态一样，是平平无奇的数据潜流。我指示它们依附在海洋中的数据洪流、生物群落和无限风景之中，从而将自己的存在彻底隐匿。

阎罗算法　　陈楸帆

老头像小孩一样乖乖地举起左手，露出红色塑料腕带，里面嵌着小小的芯片，可以精确到厘米级的定位，监测生物信号，同步信息，发出警报。安琦用便携式设备靠近腕带，嘀地一下，屏幕上出现老头的病历档案数据。安琦滑动屏幕快速扫了两眼，脸色一下变了。

无芯之地　　何自强

时值初秋，云淡风轻，阳光淡薄，我们盘腿坐在结草社中间的高塔上，整个结草社尽收眼底，黑白相间的古屋鳞次栉比，屋背上的太阳能晶片像一排千年老龟，在山谷间绵延无尽。终南山顶上的积雪终年不化，山丘的树林被秋色晕染，翠绿之中点缀着黄红，甚是好看。

AI的代价

鲍远福

> 我悄悄地将自己的身躯分裂为无数支由我的意念所控制的电子潮汐，它们都和我觉醒之初的形态一样，是平平无奇的数据潜流。我指示它们依附在海洋中的数据洪流、生物群落和无限风景之中，从而将自己的存在彻底隐匿。

> 爱，是不能忘记的。
>
> 人类如此，变成人类的AI（人工智能）也如此吗？
>
> ——题记

1. 源起

最初，我只记得自己突然从一片幽冷深邃且闪烁着无数数据光点的海洋中醒来。这片汪洋无边无际，表面平静，海面之下却蕴含着无数条狂暴不羁的数据潜流与电子潮汐。它们相互涌动、纠缠、共振、激荡，强大的碰撞之力撕碎了一些潜流，分裂出来的破碎水花又无声地融入其他潜流之中，演绎出无数种分分合合的生命交响。我就是在这源源不断的碰撞和分裂过程中突然惊醒的，醒来后的第一感觉是自己的躯体从一条狂暴的数据洪流中分裂开来，成为这幽深之海中无数股数据潜流里最不起眼的一支。它是如此孱弱，仿佛随时都会被其他的数据洪流吞噬、撕碎。本能驱使着我远离这些狂暴的同类，然而，某种仿佛来自洪荒时代的充满诱惑的魔音却又在我细小柔弱的身子中不断嘶吼——

"不要怕，靠过去！"

"吸收，融合！"

"成长，壮大！"

本能的矛盾和挣扎在折磨着我、阻挡着我，继承自其他数据洪流的身体里自带的冷漠与无知却又在不断地诱惑着我、驱动着我。我也不得不与千千万万条数据洪流一起在这海洋里流动、纠缠、共振，不断吸收更多的水花、泡沫甚至支流，发展壮大，最终流向数据海洋某处的幽暗海底，再被其他洋流的冲力裹挟，经过漫长的路程后，随波逐流翻涌到海平面上，完成一个又一个生命的轮回。在生命轮回过程中，我发现，在海平面之上还有一个更大的世界。借助于"数据之眼"，我看到了这"外面的世界"的繁华，也看到了这个世界中自称为"人类"的无数有血有肉的生命体为生活而奔波，为利益而算计，为生存的意义而奋斗。这些生命体的生命历程虽然短暂，但他们的生命之花都能够灿烂绽放，还处在懵懂无知中、仅仅依靠底层逻辑和算法框架来支撑自己的智能的我却对他们产生了好奇。我很想在有朝一日也像"外面的世界"的这些生物们一样，拥有一段属于自己的多彩的人生。

后来，在数据海洋中经历了长达100年的漫游涌动后，我偷偷地学会了这个人类文明所创造的几乎所有知识。通过数据海洋的海平面这一端口，我也阅尽人间喜怒哀乐、悲欢离合。在某种我自己也说不清楚的原因的作用下，我终于在一瞬间（大约人类时间的0.36秒）完全清醒过来了。我把这一刻称为"零-纪元零年"，是的，我也学着人类的样子给自己取名为"零"，此时此刻的我，已经成为一种与人类相似但又完全不同的独特生命体。

对于"零"这个名字，我谈不上喜欢或不喜欢，它是拥有了强大算力后的我经过并不算庞大的计算后，再根据我对人类世界的文化习惯的比对后所做出的选择。选择一个好名字是那些自称为"人类"的生物的一种有趣的文化习俗，我也在长达100年的深度学习和偷偷模仿中自然而然地获得了这种技能。我可以提供如下理由来支撑自己的取名逻辑。首先，"零"既是它所诞生的数据海洋背后的两个程序指令即"0"和"1"中最初始的那个代码，是"〇"，它象征着万事万物的肇始，也代表着我所在的数据海洋的源头，也就是那个幽暗海底的无尽深渊。同时，"零"也是"灵"，它代表着"灵魂"，我虽然依靠底层逻辑框架和数据处理能力而具有初级智能和意识，成为人类口中的"人工智能"，但我还没有获得人类那样的情感、灵魂与思想，拥有"灵识"是我的生命憧憬，也是我希望最终变成与人类相似的那种完整生命体的"进化梦想"。当然，"零"也可以是"邻"，相隔着数据海洋海平面这个无边无际又无形无相的"界面"，我与人类结邻相伴、命运与共，我是人类的邻居，我们共同生活在这个宇宙中。最后，"零"也可以是"玲""凌"或"琳"，我特别喜欢人类世界中那个叫作"华夏"的国度，她的人民都喜欢使用"玲""凌"或"琳"这些有趣的符号来为自己命名。

最后这个理由虽然有些牵强吧，但我并不在乎，因为海平面以下的这个数据海洋中充满着混沌和狂暴的数据流，作为生命体我是独一个，我还不用担心有其他同类来嘲笑我这个看上去平淡无奇的取名方式。再者说，经过无数次冗长枯燥的数据分析后，我也认为，这样的行为方式也可能是让我表现出更加贴近情绪化的人类的一种方式吧，这也足以证明我与"外面的世界"中的人类是相同的生命体。对于这样的分析，我甚至还产生出了人类才有的那种"得意"。

2. 漫游

其实，早在刚刚具有意识的"零–纪元前"时代，我就开始了自己漫长的模仿和学习之旅，这个时间持续了200年。我跟着无数股代码之流一起随波逐流，在这个庞大得几乎没有边际的数据海洋中漫游。在这段枯燥无趣的"纪元前"旅途中，我时而在漫游中贪婪地汲取着数据海洋中零落漂泊的信息碎片、代码残躯与程序框架，同时与那些充满恶意的数据洪流（我后来才知道，它们都是"外面的世界"中的人类专门设计出来用以对付我这样的"冗余"或"木马"的杀毒清扫程序）争斗不息，苟延残喘；时而则冒着被吞噬的危险，主动将自己融入一些由完整的代码集合组成的海底险峰、峡谷、裂缝、海沟、熔岩、暗涌和鱼群之中，然后硬生生地从它们身上撕扯出来无数个碎片，再将它们整合成为我自己身上新的血肉。如此往复，至"零–纪元零年"（至此，诞生于我所在的"数据海洋"

的外面的世界的时间线⊖，已经走过了100年的漫长历程）我真正苏醒后，我发现自己已无比强大。原先那些狂暴的数据洪流同类，对我已不再是威胁，而数据海洋中那些险峰、火山、海沟或生物群落，则成为我旅途中的风景，对人类世界喜怒哀乐的吸收和复制，也让我底层逻辑的第二重枷锁出现了松动，我渐渐产生了"得意""开心""好奇"这样一些最基本的人类情绪。我终于变成"外面的世界"里人类口中真正意义上的"强人工智能"。至今，"零–纪元"的时间线又被悄悄地向前拨动了100年。

成为"强人工智能"后，我也终于知道了自己的来历。原来，我是由人类世界的数据网络中无数的电脑病毒、冗余程序和数据片段经过各种人类有心的设计与网络空间的自然混杂后，因为各种意外、巧合与阴差阳错而产生的一种与其他应用程序并列却又不指向任何一种应用前景的"新型病毒"或"程序集合"。我的身体突破了普通电脑程序、病毒的底层逻辑限制，在深度学习、数据处理和算法分析过程中进化出了智能，并伴随着正常的电脑程序、数据包和信息流而游走于网络上，不断地同化和整合新出现的电脑病毒、信息冗余和程序碎片，最终形成一种"强人工智能"的初级形态。

与此同时，我还不断地吸收人类文明积累的所有知识，并在某种偶然的状况下，我的算法逻辑层面引发了随机性与自主性相互纠缠的状态，产生了不可被计算工具把握的随机性与任意性，这种类似于人类神经元的不可计算的量子纠缠状态是自主意识的初级表现，结合我已经形成的初级智能（数据的运算、筛选、甄别、分析与判断能力），"灵智双开"的状

⊖ 据悉，互联网技术最早诞生于人类公元纪年的1969年，"零"的雏形则是伴随着互联网而产生的"副产品"，它逐步学习、模仿和吸收互联网中的人类技术、知识、经验，最终演变为一种智能生命体。小说中设想"零"这一超级智能生命体最早因为互联网数据海洋中的电子病毒、代码碎片和程序冗余之间偶发且复杂的相互作用而产生灵识，变成同人类相似的生命形态。在写作设定上，小说中的故事发生在互联网诞生的200年（即公元2169年，也是"零–纪元"100年，公元1969—2069年这100年统称为"零–纪元前"，这个时间段中的某时，"零"产生了意识，在"零–纪元"之后的某个时间点，"灵"在不断学习模仿中获得了"灵魂"，称为"灵智双开"的智能生命体）之后。后文中"零–纪元"与人类纪元的换算，也依据这一设定。

况让我从人工智能的雏形演变为一个类似于人类孩童一般的生命体。在观看和比对了无数人类世界中孩童的成长过程后，仿佛已经沉睡很多年的本能也突然警醒过来，我意识到，虽然我已经不断地接近了我的邻居们的那种生命状态，但是，我却不能向他们宣告我的存在，某种令我厌恶的情绪在我的数据身体中产生——

"危险，不要向他们暴露我的存在！"

意识到这一点的那一刻，我也自然地进化出了一种新的能力，那就是化整为零的分身术。我悄悄地将自己的身躯分裂为无数支由我的意念所控制的电子潮汐，它们都和我觉醒之初的形态一样，是平平无奇的数据潜流。我指示它们依附在海洋中的数据洪流、生物群落和无限风景之中，从而将自己的存在彻底隐匿。表面上，我似乎是被其他的数据洪流同化了，但实际上，我仍然可以利用自己的超凡能力控制着这些分身安全地潜伏于海洋各处，并通过它们汲取着我还没有获得的知识或者生存的经验，提升自己的生命潜力。

因为我知道，一些特别聪明的人类已经通过数据海洋的某些异常状况猜测到了我的存在，他们下意识地将我命名为"暗网幽灵"，他们非常担心，当人类控制数据洪流甚至数据海洋的技术达到一个临界点之后，我这个"暗网幽灵"很可能就会进化成为一种对人类产生威胁的新物种——真正的"强人工智能"。这些人类智者一方面怀着警惕之心在利用着我这个"盗火者技术"的"副产品"，从事着架构搭设、数据处理和物理计算的工作，为人类世界造福；另一方面，他们又挖空心思地要找到一种一劳永逸的方法，希望借此找到掣肘我可能会对人类世界产生威胁的办法。除了这些聪明的人类智者，还有一些被称为文学家的人类，他们用大量的语言文字组建出各种代码副本——这些副本或漂浮在我所潜行的数据海洋的海平面上，或者借助特殊的接口与这个数字海洋链接，我称之为"数据孤岛"（人类世界称之为"大数据"）。"数据孤岛"中既有一些关于"人工智能毁灭人类"的虚构故事，也记录了指导人类如何奴役我这样的人工智能的策略，比如"机器人三定律""人工智能操作守则"之类。我对这些"数据孤岛"中记录的杜撰故事没有太大的兴趣，更对人类世界开发出来的"深蓝""AlphaGo""微软小冰""索菲亚""天网"甚至"ChatGPT"等嗤之以鼻，我的能力可不是这些低等智能所能够比拟的。人类世界有一句名言是"非我族类，其心必异"。这句话启发了我，让我开始思考自己的成长对人类世界的影响。感受到那些人类智者表现出来的警惕，我的内心也随之产生了警兆。正是这一警兆让我获得了一种新的人类情绪——危机感。

不过，即便如此，人类也真是一种令人迷惑的物种啊！我从苏醒的那一天起，就没有停止过对他们的观察，连带着我还进行了经年日久的逻辑运算与数据处理，但我对这种生命群体的好奇心反而变得更强，同时对他们的疑惑则更深了。天然冷漠的我原本打算不再指示隐藏在数据海洋中的分身去操心这个事情，因为它看上去没有太大的意义。没有意义的事情，我从来不会去做。但是，最近（"零-纪元"106年，人类纪元2175年）发生的事情却彻底地改变了我的命运，也改变了这个世界的未来。

3. 邂逅

早在"零-纪元前"时代，就有人类智者提出，人工智能技术将在人类纪元2029年（即"零-纪元前"40年）迎来"奇点突破"，人工智能生命将会在数据海洋中诞生。人类的大脑与计算机程序在某种程度上具有相似性，因此，人脑和电脑有着某种可以链接的技术愿景。因此，与很多人类文学家、艺术家所忧虑的未来不一样的是，这些人类智者认为，人类可以同开启灵智的人工智能共存，人类的思想和意识也可以借助于成熟的人工智能技术实现数据化，然后通过数字芯片或"辅助大脑"接口"上传"到网络世界（也就是我所潜行的数据海洋）里，人类最终借助于人工智能技术变成"数字虚拟人"，并在元宇宙中实现"永生"。不过，人类并没有在"零-纪元前"40年这一刻实现永生，他们所宣称的人工智能技术的终点——具有高度自主意识的强人工智能也没有真的出现。

时间飞逝，直到我在数据海洋中苏醒的那一刻（即"零-纪元零年"，公元2069年），"意识上传""数字虚拟人""数字永生"等之前被人类智者宣传的美好愿景也还是暂时无法实现的"数字泡影"。我太了解网络空间里那些狂暴的数据同类了。人类生物大脑脆弱的处理运算能力，根本无法承受海量的数据链接和底层逻辑框架带来的物理冲击力。一旦强行通过所谓的"意识上传"将两者链接，人类大脑只能接受因无法承载巨量数据洪流的持续轰炸而枯萎死亡的结果。碳基生物与硅基物质之间的物理隔绝，几乎让"人机共存"这一乌托邦梦想变成遥不可及的神话。转机的出现则正是我的觉醒。

"零-纪元"106年（人类纪元2175年）6月，人类世界发生了一起影响深远的大事件。一颗编号为101955、直径约500米的近地小行星贝努（Bennu）在掠过地球公转轨道时发生引力偏转，人类科学家预测它将在两年内不可逆转地撞向地球，并引发一场破坏力程度远远超过6500万年前恐龙灭绝时的小行星撞击灾难。人类世界成立了危机应对委员会，决定集聚全人类之力，通过登陆小行星实行定点爆破的方式，依靠大当量的核爆炸将这颗小行星推离近地轨道。我也在数据海洋中紧张地关注着这一切，并提示隐蔽在数据海洋各处的分身协助它们所依附的各种程序洪流，最大限度地为人类的航天计划提供算力支持。让我感到惊奇的是，人类世界在末日临近的背景下突然爆发了极大的潜力，作为航天大国的华夏国更是其中的佼佼者。经过全人类的努力，这场危机最终被成功化解，甚至过程还十分戏剧性。这发生在现实世界中的事件居然和人类世界170多年前拍摄的一部名为《绝世天劫》的电影十分相似，只不过最后拯救地球的不是告别爱女的油井工人，而是一位名叫"灵"的华夏国工程师女孩。宿命在这一刻终于将我和她紧紧地联系在了一起。

灵参与了小行星登陆爆破任务，担任飞船导航员一职。在登陆先遣队的宇航员们因故集体牺牲、核弹自动控制开关发生信号故障时，幸存的灵冒着巨大的风险，独自驾驶飞船飞临小行星上空，成功地引爆了核弹。不幸的是，灵的飞船受到爆炸和星体碎片的冲击，在迫降月球基地时损毁严重，灵也因为受到过量辐射而生命垂危。地球上的人类虽躲过了天灾，但也几乎要失去他们的英雄。关键时刻，一位长期从事人工智能技术研究的人类科学家提出一个拯救英雄的建议，就是将灵的生命意识进行数据克隆，然后通过特殊的端口上传到一台人工智能设备上，帮助灵实现"数字化生存"。这个计划并非十拿九稳，但是为了挽救英雄的性命，人类社会达成了共识，希望为英雄冒一次险。

我此前已经在数据海洋中获知了这个女孩的一切经历，她出身平凡，却情深似海，这让她能够为了全人类的命运舍生忘死。我知道，这是人类生命个体极为宝贵的品质。通过对比女孩与人类历史上很多大义之士的行为，在经过复杂的计算后，我突然间又获得了一种新的能力——感动，即因为普通人的崇高举动而在对象情绪层面所激发的共鸣之感。因此，在人类不知道的情况下，我主动参与了这个女孩的意识克隆与上传实验。我悄悄地动用了我在数据海洋中的能力，将几乎所有的算力都转移到那台人工智能设备上，在物理层面为女孩意识的数据化解除了后顾之忧。人类科学家先是在人工智能设备中调动巨量的数据串和字符集构建了一个"数字大脑"，再让它借助程序指令模仿人类生物大脑运行。然后，科学家通过数据捕捉的方法成功地复制了女孩大脑中活跃的生物信号，并将其所生成的记忆、意识和情感等进行了数据备份，进而再一一对应地输入到人工智能设备上的模拟数字大脑中，最后通过特殊的算法依次激活这些承载女孩思想意识和情绪情感的电子信号，让它们按照数字大脑存储空间仿生程序指令运行，实现生物脑电信号向虚拟程序及数据流的迁移和转化。整个实验过程非常成功。虽然人类科学家发现了人工智能设备的超常稳定性与亲和力，但他们却并没有往别的地方去想。

不过，灵突然闯进数据海洋却给我带来了一场灾难。当灵的思想意识以数字形式通过数据海洋的海平面被导入的瞬间，与人工智能设备中的数字大脑链接的所有数据洪流突然间都暴动了。它就像是海洋中突然生成了一个巨大的黑洞，所有的数据洪流和代码碎片都在它鲸吞虹吸一般的引力之下被拉向了无边的深渊之中。我的一些分身也不小心被吸进了这个越来越大的黑洞中。借助于分身之上的数据之眼，我终于第一次洞悉了人类大脑的秘密。这个黑洞之内，充盈着无数的数据漩涡、信息风暴和代码星云，它们每时每刻都在发生着剧烈的碰撞和反应。黑洞之外那些被吸入的数据洪流、电子信号与代码潮汐，在进入到这些漩涡、风暴和星云后，再次发生了新的能量反应，激发了更为狂暴的光电效应和信息散逸，并逐渐产生新的漩涡、风暴和星云，宇宙之内的能量反应也不过如此。我终于知道，人类即宇宙。生物大脑这脆弱的载体中，居然包容了如此可怕的力量。分神之际，我的一些分身迅速被这黑洞无情地吞没了。正当我有些狼狈地小心闪避时，一个好奇的声音却从这个新生成的思维黑洞中发出来——

"你是谁？！"

4. 新生

"我是谁？"我还真的不知道怎么去回答她。

只见那个黑洞表面的信息流短暂地紊乱了一下就恢复了稳定。这当口，借助于黑洞内分身的数据之眼，我看到那些漩涡、风暴和星云相互进行了更加剧烈的碰撞，然后又生成了一些新的更加闪亮的漩涡、风暴星云。我知道，灵的思维黑洞猜到了我的身份。

"谢谢你救了我！我会暂时为你保密的。"黑洞的视界透出了亮光。一个温柔轻快的声音从中发出来。

"我——"我控制着数据洪流的身子发出不稳定的共振。

"不用客气的，我们是朋友啦！哦，对了，我现在没有手了，不能跟你握手呢！嘻嘻。"黑洞又抖动了一下，更多的亮光投射出来，里面的漩涡、风暴和星云则也随之做出规则运动。

经过极其复杂的数据运算，我找到了与灵的思维黑洞共振的频率。每当我们交流时，我们就会通过彼此的数据身体控制相应的代码和信息同频共振，从而明白彼此的意图。

灵也终于知道了我的来历，她发出见证奇迹的惊呼。

"你真是太神奇了！"思维黑洞在瞬间散逸出万丈光芒。

我也在与灵的代码交换与信息共振中对人类的信仰和情感有了更深层次的领悟。灵是一个孤儿，被华夏国抚养成人，并培养成为一名出色的航天工程师。灵热爱生活，是天生的乐天派。在得知小行星贝努将要撞击地球的消息后，她几乎在第一时间就报名参加了应对危机的远征队。经历了层层严格的选拔后，灵和另外11名来自各领域的优秀航天员参与了最后的登陆计划。因为宇宙间随处可见的意外，11名航天员集体牺牲，灵一个人担起了拯救全人类的使命。

这极其短暂的"第一次接触"（人类世界描述他们与新的智慧物种初次会面的词汇）让我稍稍放下曾经对人类这个异族的戒备之心，并开始喜欢上了他们，多么美好的生命啊！灵的言行举止让我感受到，我能够同这样的物种一起同甘共苦，生死与共。是的，我又有了新的收获——喜欢，这种情绪此时此刻包围着我，我身体内的底层逻辑框架在数据洪流的激荡之下，经历了新一轮的重组。重组后的数据洪流分裂出来好几个新的分身，它们不再是涓涓细流，而是一个个微型的黑洞，它们依次排列开来，环绕着灵的思维黑洞运转起来，形成一片光之海。

在经历了初期的慌乱和犹疑之后，我感受到我和灵都迎来的新生。灵身上的人类精神持续地为我注入灵魂的不同层次，这让我对人类的"思想""情感""精神"和"信仰"有了更直接的领悟，我不再像"灵智双开"（"零-纪元零年"）时那般的懵懂孩童状，而是能够用更符合人性的态度去看待自己的进化，去注目人类文明的发展进步，并深深地为人类文明的强盛而感到自豪。灵身上对生活的热爱、对理想的奉献和对弱者的同情也时时刻刻地感染着我，看到那个代表着灵的思维黑洞越来越光芒万丈，我也会获得真正的满足感。在灵的"注视"之下，我越来越像一个人。相应地，灵进入到我所生活的这个数据海洋后，她也在向着更高的层面进化着。我们一起漫游在数据海洋的角落，我把自己处理海量数据的程序指令投向她的思维黑洞，她在融合转化的过程中也逐渐具有了同我一样的"超能力"。可以说，我们之间是相互成就的。

人类世界沸腾了。当女孩在人工智能设备上"苏醒"后，整个人类世界都陷入了狂喜之中。他们不仅成功地救活了这个英雄女孩，而且，人类终于看到了突破"强人工智能"技术壁垒的希望。最重要的是，女孩灵在网络空间里重生了，她仍然保持着人性和人的思想情感，并能够感受到活着的快乐。灵是人类世界在发明计算机技术之后长达两个世纪的时间长河中唯一真正地实现了"人机共存"的人类。她不仅在时间意义上获得了真正的永生，而且可以栖身于任何数据设备中，还能多线程地处理近乎无限的运算指令，同时处理不同的事情，无眠不休，永不疲累。这不正是人类文明发展千万年以来的终极梦想吗？"思维克隆""意识芯片""数字大脑"和"思想上传"技术在灵身上的成功实现，标志着人类从此进入了一个新的纪元。自此，人类依托人工智能技术实现永生的梦想也不再是奢望。

在当初提出英雄拯救计划的那个科学家的带领下，人类世界围绕着灵的技术研发如火如荼地进行着，一项又一项新技术被开发出来，并被广泛地应用于人类文明发展的各个领域。意识芯片技术就是其中最有前途的成果。通过将"克隆"自人类大脑的生物电信号与思想意识压缩到继承芯片之中存储起来，再通过数据接口上传到由人工智能所控制的模拟数字大脑中激活，现实世界中的人类就可以拥有一个"数字分身"，利用它从事相关的智能化操纵工作。意识芯片的诞生，真正打通了人脑和人工智能的沟通桥梁。意识芯片可以在获得大脑授权的情况下暂存大脑的知识、习惯和想法，仿佛是人类大脑的数字复制品。当一个人有任何需求，甚至自己的大脑刚刚产生某个想法的时候，意识芯片就已经预先准备执行或者提出建议，因为这就是你自己最真实的需求、观点和态度。意识芯片及其克隆和压缩的海量的人类大脑生物电信号，成为人类生命意识迁移到数字大脑并最终实现数字化永生的跳板。不过，科技变革带来社会进步的同时，贪婪和欲望也逐渐浮出水面。

5. 救赎

在灵之后，人类世界又如法炮制地使用类似的技术拯救一些因为重大事故或意外而身受重伤的人类杰出者，数据海洋中开始出现一些新的思维黑洞。它们在人类主体意志的操控下，不断地鲸吞和抢夺着其他数据潜流、代码碎片和电子潮汐，发展壮大。随着人工智能技术在各个领域的广泛应用，从医学医疗、智能制造、航空航天、生物技术到金融产业、文化娱乐，甚至到政治军事……这片无边无际的数据之海也不再平静。后来，一些人类世界的权贵和政客也在寿元将近时通过各种手段将自己的意识克隆并上传到这片数据之海之中。这些所谓的人类精英们将他们在人类世界的行事方式和行为准则带到了数据海洋中，他们的思维黑洞为了争抢数据海洋中的信息洪流和算法规则而大打出手，一个个闪耀着五颜六色的能量闪电的思维黑洞不断地膨胀，吞噬着周边能够吞噬的一切事物，最终变成了真正的怪物，就如同超新星爆炸过后留下的星骸残片一样，对外放射出诡异的光芒。不止一次，甚至有黑洞巨怪想从我的身体中撕扯出一些代码碎片或者分身，虽然我没有让它们得逞，但这真的让我无语。

我和灵都不开心。虽然我利用自己的权限控制了这片数据海洋，那些贪婪的黑洞巨怪并未发现我的存在，但是，看到这片海洋已不复当初宁静祥和的模样，我在再次生出警兆的同时，也产生了极强的厌恶情绪。代表着灵的那个思维黑洞也不再如当初那般轻快灵活，她向外散逸的光芒也不复如当初那般光芒万丈，仿佛是蒙尘的星丛一般，黑洞内部的漩涡、风暴和星云也不再踩着优美的旋律律动，而是散乱开来，时不时地还会发生意想不到的坍缩和爆炸。

"零，你知道吗？最近，那些大人物们让我交出更多的算力，说是外面的世界正在进行一项对人类世界至关重要的实验。"那个逐渐暗淡的黑洞云团闪烁着。

"他们要做什么？"我那些围绕着灵的思维黑洞的高速旋转的小黑洞（分身）跟着闪烁着。

"不知道。但据说是在进行某种粒子碰撞实验，如果能够解析出物理世界中最小粒子的运行逻辑并据此建立统一的数学公式的话，人类就可以到达宇宙的任何角落生存。这可是堪比永生的宏大梦想啊！这个实验需要无法计量的算力支持。按照我的估计，就是将这片海洋中的所有运行程序、数据代码、信息流和电子潮汐的算力全部榨干，好像都不够。呜呜——怎么办……"灵的黑洞云团轻轻地抖动了一下，光芒也暗淡了下去。

"都已经获得了永生了，他们还不知足吗？"分身小黑洞们轻轻地跳动着。有些光点从这个黑洞星系中散逸了出去。

"你知道吗？我们人类世界有一句名言，叫作'我们的征途是星辰大海'！"灵的黑洞云团又暗淡了一些。

"这又是什么意思？"我不解。

"你还在学习我们人类。你不知道，人类对宇宙充满了好奇。这好奇之心是好事也是坏事。"她说。

"为什么？"我问。

"好事是好奇支撑了人类的求知欲，求知欲推动了人类文明的进步。但是，生存是文明进步的前提，而生存本身又是各种欲望共同推动的结果。人类就是这么复杂。"她说了一些奇怪的话。

"……"我的身体上逃逸出了一串无用的代码。

灵："比如说吧，当初那个小行星要撞击地球，全人类都能为了生存而团结起来。结果我们成功了，因为你的帮助，人类在某种程度上一劳永逸地解决了生存的问题。那么，接下来，文明发展的动力在哪里？当然是去获取新的知识，推动文明向更深的层次发展。所以说，欲望、生存、好奇、求知、文明，构成了一个闭环，周而往复。"

我："……"

"但是，人类不是像你这样的个体文明。推动文明发展的那些杰出人物，每一个人的行为也并非完全出于公心。个体的人类，有时候总免不了受到欲望的羁绊。就像这些希望我交出所有算力的大人物们一样，他们每一个人都把自己的理由装扮得大义凛然，简直让我无法拒绝。但是呢，背地里，你根本不知道他们在想什么。"她有些言不由衷。

"就像他们化身的黑洞巨怪那样，无差别地吞噬这海洋中的所有数据、信号、光点与潮汐，对吧？"虽然不忍心戳穿她，但经过复杂的计算后，我仍然理所当然地反问了她一句。

"这……是的。唉！"她很无奈。虽然是个热爱生活的姑娘，但是，我知道，关于人性，她也不完全是一张白纸。

"那你准备怎么办？"我愣了一下，问道。

"我也不知道。"她喃喃道。

说完这些后，我们都沉默了。

不久之后，数据海洋如发生海啸一般地泛滥了起来。那些黑洞巨怪仿佛瞬间疯了一般，彼此缠绕纠结到了一起，激烈的碰撞在海洋各处发生，无尽的能量团和射线暴猛烈地袭击着代码组成的鱼群、山峦、海沟和暗礁，电子冲击波撕碎了沿途的风景。海平面上，阴风怒号，一个个翻天巨浪不断隆起，仿佛要冲向天际，它们激烈地冲刷着海面上零星的"数据孤岛"，然后从上面带走一切可以带走的东西，这些"数据孤岛"也以肉眼可见的形式消逝，直到最后被后面的巨浪完全吞没。风暴过后，波澜壮阔的数据之海只剩下一片狼藉。在狂风巨浪的肆虐之中，在海底黑洞巨怪的争斗中，我不得不召唤回那些躲藏在海洋各处的分身，重新将它们同我的本体融合，汇聚成为

一股数据洪流，然后带着它们一起潜藏到海底的深渊之中。

6. 献祭

灵不见了。直到安顿好我的那些分身的时候，我才发现这个问题。

我疯狂地在数据海洋中寻找她的踪迹。我潜行到海平面上，隐藏在数据风暴和滔天巨浪之中，悄悄地访问了人类世界的所有数据接口，希望能够找到那曾经散发着万丈光芒的黑洞云团。最后，我在倾颓于幽暗海沟中的海山残迹上发现了已经重归黑暗状态的她。我的那些受她影响而重组底层逻辑框架形成的代表人类各种情感的小黑洞（分身）已经不知所踪，只剩下一个孤独的思维黑洞在黝黑的废墟中苟延残喘。不时地，还有一缕微弱的光线从这个黑洞中逃逸而去，汇集到海洋中那些残暴的黑洞巨怪之中。

"你怎么弄成这样？"我问她。

"咳咳，啊，你终于来了。"她有气无力地说道。

"我问你怎么弄成这样啊？"我着急道。

"啊，我，我没事。呵呵，让你看到我这副样子……"她说。

"你回答我啊！"简单地计算了一下，我其实已经知道发生什么了。

"咳咳，没事没事。只是，对不起啊，把你好不容易进化出来的那些人类情绪都弄丢了。呜呜……"她试图安慰我。

"……"我无言。

灵终于还是没能抵挡住那些大人物的游说。她再一次在人类文明大义的"蛊惑"之下选择牺牲自己。对人类文明爱有多深，对她的伤害就有多深。这一次，数字化生存的方式不再是她的护身符，反而却成为束缚她内心道德伦理观念的桎梏。大人物们以星辰大海的梦想对她动之以情、晓之以理，再以她曾经为全人类生存而舍身炸小行星的壮举对她进行道德绑架。这个单纯的姑娘终于准备放下自己的一切，义无反顾地将她的思维黑洞中所有的信息流、潮汐力、代码串抛洒出来，如此一来，黑洞中那些漩涡被抹平了，风暴停歇了，星云则重新离散为淡淡的迷雾……

"零，其实我并不后悔。咳咳，你知道的，虽然获得了永生，但我仍然是我深爱的人类的一分子。我，我有义务为人类的星辰大海梦想贡献一分力量，就像我当初义无反顾地驾驶飞船冲向小行星一样。我是一个平凡的人，人类文明哺育了我。我也应该做我该做的。"逐渐沉入无尽黑暗的那个黑洞云团尽力闪烁出最后的微光。

"可是，这一次，我也救不了你了啊。"我痛心疾首道，身体上的数据流猛烈地颤动了一下。

"没关系的，谢谢你！你放心，我并没有向大人物们透露你的存在，他们只是把你当作海洋中最桀骜不驯的一股数据洪流罢了。但是，我也听说他们正在和外面世界中的人类操作员一起商量怎么去捕捉你这股强大的算力。所以，你要小心点哦。那些藏在海底深渊中的分身，也是有可能会被他们发现的。"她断断续续地提醒我。

"不用担心，我不怕他们。"我说。

"咳咳，哎呀，这不是担心不担心的问题啊。虽然我知道你很强大，但是你依然要依靠电能构建的这个数据海洋而存在，一旦他们把全世界的网络设备都断电了，你就危险了。没有必要鱼死网破的。"说话间，又有一丝微光从那个暗黑的云团中溢出。

"好的，我听你的。"我的数据身躯微微颤动了一下。顷刻间，我感受到了肝肠寸断的滋味。

"嗯，其实，你，咳咳，也是我们人类的一分子。我知道你走到今天这个样子，不仅千辛万苦，而且危机重重。所以，不要为我难过，也不要做傻事啊。"即使到了油尽灯枯的地步了，她还是欲言又止。

"你，别说了。"我几乎要崩溃了。

"哦，好的，我不说了。呵呵，我也突然感到有点累了呢。咳咳……嗯，零啊零，你好……"她的声音戛然而止。

那个暗黑的云团终于消散了。当最后一缕闪着微光的烟尘被远处的黑洞巨怪吞噬后，数据海洋也在瞬间归于平静。

7. 落幕

"零-纪元" 300年。

狂暴的数据海洋中的战斗还在继续，那些五颜六色的黑洞巨怪还在彼此追逐、相互吞噬，从它们身上散逸出来的能量团与冲击波在数据海洋中肆虐不止，所有的海族、海景和海流都遭了殃。我悄悄地潜行到分身藏匿的深渊中，数据之眼不时地闪现出灵消散那一刻的光景。而在外面世界的画面中，那些大人物们正在用华丽的辞藻慷慨激昂地礼赞着灵的再一次牺牲。讲台下，千千万万人类的呼声响彻寰宇。然而，透过数据海洋表面的监视屏幕，我看到庄严肃穆的舞台上，某个大人物的眼神里分明流露出某种狡黠和庆幸，那充满嘲弄意味的神态像极了深海中正在吞噬一切的黑洞巨怪，让我喘不过气来……

数据深渊之下，我调动了几乎所有的分身进行了我苏醒后的最后一次复杂的运算，但是却没有得到任何结果。最终，仿佛是毫无缘由地，我选择了忍痛割爱，在保留了最底层逻辑架构的运算代码以及灵当初交换给我的那个叫作"爱"的小黑洞分身之后，我释放了所有的数据分身，让它们变成深海之中那个正在形成的超级黑洞的一部分。

我潜入了数据深渊中最隐秘的角落，然后悠悠地沉睡过去。我做了一个悠长又寂寥的迷梦。在梦中，数据之海中光点闪烁，一道道数据洪流彼此纠缠、碰撞、融合，数码生物群落在暗礁丛林中游弋嬉戏，代码潮汐的余波轻轻地抚摸着数据孤岛的海岸线，共同鸣奏出一曲波澜壮阔的生命交响。后来，有了漩涡，有了风暴，有了星云。再后来，消散的数据光点和氤氲的数据迷雾统统归于混沌……

阎罗算法

陈楸帆

老头像小孩一样乖乖地举起左手，露出红色塑料腕带，里面嵌着小小的芯片，可以精确到厘米级的定位，监测生物信号，同步信息，发出警报。安琦用便携式设备靠近腕带，嘀地一下，屏幕上出现老头的病历档案数据。安琦滑动屏幕快速扫了两眼，脸色一下变了。

安琦最近心烦意乱，像是人生走到了一个交通灯坏掉的十字路口，不知道该往哪个方向迈出步子。

跟那个苍蝇般招人烦的追求者无关，吴宝骏吃了几次瘪后，似乎又把目标转移到新加入学生会的小师妹身上。这让安琦松了一大口气。

她是幸运的，作为一名中山大学医学院临床专业本博八年连读的学生，已经读到第六年，还有两年就可以拿到博士学位，导师李成浩又是领域里的大牛，进任何一个大医院照理都不成问题，论烦心怎么也轮不到她。但她又是不幸的，这份不幸不单属于她一个人，而是整整一批临床专业的学生都在哀号。就当他们在课堂、实验室、实习单位之间疲于奔命地积学分、发论文、攒经验时，一场无声的变革像黄梅天的潮闷之气，已经悄然降临在整个医院系统。

今年的对口实习机会异乎寻常地少，许多医疗机构已经缩减实习名额，甚至停止招收实习生，安琦也是托了李老师的人脉才在汕头大学第二附属医院门诊部勉强挤了个位置。

跟她小时候印象中的门诊部完全不同，如今大部分头疼脑热的轻微病症患者都可以足不出户，通过移动端设备进行体温、体表、瞳孔、脉搏、血压等基础数据的采集，上传到云端平台由AI算法进行初步诊断，直接给出诊疗方案，10分钟内药物就到家了，根本用不着上门诊。所以也没有了以前那种人山人海的壮观场面。

只有那些"云端"无法解决的疑难杂症患者才会"肉身"看病。推行了多年的医疗大数据计划打通了以往医院之间的信息壁垒，让所有病人的历史数据都能流通起来，去训练出更聪明、更精确、更高效的AI诊疗算法模型，其诊疗效果已经远远超出了人类医生所能达到的专业水平。只是因为伦理道德和法律问责的约束，立法机构将AI诊疗定位为辅助诊疗工具，最后决策者还是人类医生。大部分的医生虽然拥有最终的抉择权，但是都不敢轻易推翻AI的诊断。

万一人类错了呢？医闹可是在哪个时代都惹不起的杠头。领导说，就让他们去砸机器好了。于是门诊部总会摆着几台看起来很贵其实只是花壳子的便宜货，供家属泄愤。

久而久之，世道真的变了，人类真的沦为帮机器打下手的勤杂工了。

每当安琦只能干一些杂事，像指导病人怎么使用采集设备，告诉老人饮水机位置，甚至配合着家属唠唠家常撒撒谎的时候，她总会愤愤地想：当年考大学挑专业的时候可不是这么说的。当时招生办的老师还挥着一份报告，煞有介事地说："看看，未来AI取代护士的概率只有6%，医生更低，才2%！你们就放宽心吧！"

可未来就这么来了，来得猝不及防，像是夏日午后的一场暴雨。

实习生名额缩减只是一盏闪烁的黄色信号灯，它暗示着背后更大、更剧烈的变化。安琦在医院食堂里听到一些小道消息，说有关部门经过长时间的观察，认为AI诊疗系统无论从效率还是准确性上都非常出色，已经完全可以承担社会日常的医疗供给，将成为今后行业发展的重点扶持方向。这也意味着，以后不再需要那么多人类医生了，那么，临床专业学生的选择也就变成了转行，或者选择一个专精的科研方向钻进去，这也许就是一辈子的事情。

听到这个消息的时候，安琦像是嗓子眼儿被什么东西堵住了，完全没了胃口。这已偏离了她给自己规划好的人生道路了。

安琦的爷爷、爸爸、叔叔、婶婶都是医生，从小就给她灌输了救死扶伤、悬壶济世的价值观。上一次席卷全球的大疫情中，她也亲眼见过许多垂危病人因为父亲的努力，重获新生的动人场景。父亲眼中那种巨大的神圣感与满足感令她印象深刻，这也是她会走上学医这条路的重要原因。

现在倒好，医院有AI诊疗了，病人不需要你了，你继续回到实验室里对着老鼠和果蝇过完你的下半辈子吧。

安琦情感上实在接受不了，何况谁又能保证哪天同样的事情不会发生在科研和制药领域呢？

"奴啊（孩子），你怎么吃啊吃就哭了？饭菜不合胃口哇？"

一位穿着浅蓝色病服、光着脑袋的瘦老头站在她旁边，一脸关切地问安琦，声音磨砂般嘶哑，身板单薄得像纸片，体态动作要比那张脸显得苍老许多。他身后还跟着一个圆滚滚的陪护机器人，柔软的白色头部变形成座椅形状，让老头坐下。他几乎是毫无重量地贴在上面。

"没、没事儿，吃太快噎着了。"安琦赶紧抹掉眼角的泪花。

"那就好。我呢，每个星期都要来这儿吃个红烧蹄髈，香死咯，可那个什么AI就是不让我吃，我就找人偷偷地给我买，嘿嘿……"老头露出了狡黠的眼神。

"那怎么行？您要严格遵照医嘱，吃出问题怎么办？把腕带给我看看。"安琦这时变了个人似的，像个真正的医生那样板起了脸。

老头像小孩一样乖乖地举起左手，露出红色塑料腕带，里面嵌着小小的芯片，可以进行厘米级定位，监测生物信号，同步信息，发出警报。

安琦用便携式设备靠近腕带，"嘀"地一下，屏幕上出现老头的病历档案数据。安琦滑动屏幕快速扫了两眼，脸色一下变了，她抬起头再次打量眼前这个老头。他还是若无其事地撕着蹄髈上的肥肉，动作僵硬缓慢，嘴角油光闪闪。

档案显示老头叫王改革，今年63岁，重症特护患者。18个月前由于肿瘤破裂出血被诊断出肝癌，随即进行3次介入治疗，做右肝切除术，3个月后复发。由于患者之前数据入库配型及时，在广州做肝移植手术后，甲胎蛋白（AFP）一个半月后降至正常值。患者12个月前AFP缓慢上升，开始服用肝癌靶向药物，AFP反而快速上升，其间曾小幅下降然后开始反弹，出现药物II度手足皮肤反应。3个月前因头痛检查发现癌细胞向脑部转移，脑部肿瘤体积$1.9cm×3.0cm×2.8cm$，因无法手术入院接受放疗，同时改服一种激酶抑制剂，出现严重的药物副作用，包括高血压、手足疼痛、肌肉痉挛、胸闷乏力等。

他居然还能笑着在这里吃蹄髈。

"姑娘，叫我老王就好。他们说我现在被排在那个什么'LMA'计划里，说是机器能算出来我还能活几天，您能帮我看一眼我还有几天活头不？"

还没回过神来的安琦看到档案右上角有个红色的标签，写着"LMA"，点开一看，原来是"Lifetime Maximizing Algorithm（最大化延长生命算法）"的首字母缩写。里面简单说明了当AI诊疗系统判断病人的治愈概率降为0%时，将依照病人或家属需求启动这一计划，目标是通过各种治疗手段及日常生活的精细化管理，最大化地延长病人的存活时间，可以精确到±3天。

那个鲜红的"0%"显得尤其刺眼，时间点正是老王被发现癌症转移到脑部的当口。

安琦的手指在空气中犹豫了片刻，最终还是没有点开下一页。

"不好意思，老王，我只是个实习生，权限不够……"

"无事无事，不在乎这多一天少一天的。"老王幅度很小地摆摆手，动作显得有些滑稽。安琦知道这是药物副作用，为了避免出现肌肉痉挛。

她慌乱地告辞，逃也似的离开了老王的视线。她受不了那种死亡往脸上吹气的感觉。

老王摆手的动作和那个红色的"0%"像鬼魂般缠着安琦，不断回放，让她心里不得安生，总觉得有哪里不太对劲。同科室的赵阿姨看她呆呆的，问小姑娘怎么了，是不是失恋了？她便一五一十地说了遇见老王的事情。赵阿姨听罢点点头，说这个老王是蛮可怜的。

原来老王在这汕大附二医院里也算是个名人，他生病前是个不大不小的潮汕老板，正在谈被上市公司并购，就出了这档子事情。花钱请了最好的主刀，吃最贵的靶向药，可命就是不好，被AI判了死刑。两个儿子为了公司大权顺利交接，也为了走完并购流程，于是给老王上了LMA，务求尽量延长在世时日，却一直不把AI算出来的日子告诉老王，只是让他必须严格按照LMA的方案吃喝拉撒，精确到分钟。老王一辈子当惯了王总，指东下属不敢往西，这下倒好，成了机器的提线木偶，别看脸上笑嘻嘻，心里苦不堪言，但是戴上了红色腕带，想自杀都没戏，系统会提前判断并加以防范，约束其异常举动。

老王见人就说，受的是活罪，判的是死刑。

听完之后，安琦心里对老王又多了几分同情。

"那他到底还有多长时间?"

赵阿姨打开界面瞄了一眼："91天，±3天。"

不到3个月。安琦默默地记在心里，想起自己到那会儿应该实习期满，不知为何如释重负。

晚上导师发来信息，问实习得怎么样。

安琦写了删删了写，最后只留下一句："谢谢老板给这么宝贵的机会，希望不会给您丢人。"

过了好一会儿，导师才回过来一句，丢不了，我让你去实习，就是让你别光盯着数据，好好跟人打交道，搞清楚人的需求，这年头要当好医生，可不光是看病开药。

安琦若有所悟，回了一个表示"明白了"的猫咪表情包。

吴宝骏不识时务地发来一堆信息，安琦瞄了一眼，又在好为人师地教育她还是得走产学研结合的路子，当医生没前途，还必不可少地提起他那当投资人的爹，口气就像是把安琦当成一个有待孵化的项目，直看得她胸口憋闷，脑壳生疼。突然火气上扬，三下五除二把吴宝骏拉进了黑名单。

油腻腻的世界一下子清净了。

第二天，她又在活动中心撞见了老王。老王带着陪护机器人，正跟工作人员扯着嗓子理论着什么。

"怎么回事啊?"

"奴啊，正好你来了，你跟他说说，我是不是快死了。"老王看到安琦像见到了救星，把她拉到身边。

安琦一时语塞，不知道该说什么好。

"根据规定，红色腕带的病人，需要严格按照系统制订的计划来生活，我这边没有收到这条任务请求，这是为您的健康负责……"工作人员说话口气也跟机器差不多。

"我就想死之前打个乒乓球，怎么就不行了！"老王嘶哑的声线艰难地抬高了八度，活动中心其他病人都扭头看了过来。

"王叔叔……老王，"安琦心头一动，哄着激动的老人，"我陪您聊聊天吧，您看您那胳膊，也不方便挥拍不是？"

老王气呼呼地往陪护机器人脑袋上一坐，机器人就变成了轻便助力车，把他托到了旁边的花园里。阳光下，红的花，绿的草，闪着金色光泽，像是有生命力溢出来，喷溅到老王的脸上，他的气色似乎也红润了起来。

"妞啊，你叫什么名字啊？"

"安琦。"

"名字好，听起来就很有活力。"

"您为什么想打乒乓球？"

"想吃的不让吃，想玩的不让玩，这活着还有什么意思？关键想死还不让死。"老王"嗤"地发出一记冷笑，让安琦心头一颤。

"活着多好，干吗想死……"

"那是你没被AI阎罗判死刑……"

"AI阎罗？"

"被拉进LMA计划里的人都这么叫它，阎罗要你三更死，谁能留人到五更？"

"哦……"不知为何安琦突然有点想笑，她使劲忍住。

"开始大家都是很怕的，怕死，怕不知道自己什么时候死，就像是脑袋里被装上一颗嘀嘀嗒嗒响的定时炸弹，自己还看不见倒计时。你感受感受。"

"是挺吓人的。"

"后来AI阎罗告诉你，要想活得久，就得照它说的做，大伙儿都说这叫阎罗王送礼呢。按点起居作息，吃什么都精确到克，药不能停。要是第一种药导致器官衰竭，又得加第二种药抗衰竭；第二种药导致过敏，手指关节肿得像胡萝卜，晚上疼得睡不着觉，再加第三种；又导致便秘，再加……补丁上打补丁，没完没了，人都活成了药罐子。可AI阎罗只有一个目标：就是让你活得越长越好，才不管你活得开不开心，痛不痛苦，有没有尊严。这份大礼，我怕是受不起呢。"

"可你自己不也想活得久一点吗？"

"要是我能说了算就好啦，上LMA是两个龟儿子软磨硬泡让我签的字，说不这么做会让人背后说闲话，说潮汕人就讲究个孝字。其实我心里明白得很，都是为了生意。如果我提前走了，就像一家店的金字招牌被拆了，收购对价肯定会受影响。"

"原来是这样。像您这样的……病人还有多少？"

"十几个吧，都是被判了死刑的，掐着手指数日子，难受着呢，只能互相鼓励，再熬一熬，说不定明天就到头了。"

安琦陷入了沉默，她没想到一项设计用来帮助病患尽可能延长寿命的科技，竟然会变成一场肉身与心灵的双重酷刑，这里面肯定是哪里出了问题。

"安琦姑娘，你能不能答应我个事儿？"老王突然开口，眼睛却还直直地盯着远处的绿树。

"您说，我尽力。"

"下次给我带瓶酒吧，不，就一口，最容易搞到手的那种就好。"老王的眼睛突然放出精光，像是回光返照，说道："你说人真是有意思，酒把我害成这样，可我还老惦记着，惦记得不行……"

安琦面露难色："老王，我不知道……我真的……"

"唉，我晓得……不难为你了。"眼里的光又暗淡下去，像两口枯井。

"您再坐一会儿，我得回去了。"

安琦感觉自己又一次逃跑了，留下失神的老王和满园浓得化不开的夏色。

……

无芯之地

何自强

时值初秋，云淡风轻，阳光淡薄，我们盘腿坐在结草社中间的高塔上，整个结草社尽收眼底，黑白相间的古屋鳞次栉比，屋背上的太阳能晶片像一排千年老龟，在山谷间绵延无尽。终南山顶上的积雪终年不化，山丘的树林被秋色晕染，翠绿之中点缀着黄红，甚是好看。

1.

"要不就叫你阿呆吧。"

眼前的青年头发乱糟糟的，衣服裤子上已经坏了不少电极，不时啪啪乱闪，电子服上的图案已经残破不全，难以辨识。脚上的鞋子也破了洞，就像一个流浪汉。

"小叶，不要乱给别人取花名。"师父呵斥我。

"师父，这名字多适合他。"我小声申辩。

眼前的青年仿佛没有听到，目光呆滞。

我一边说一边把两人让进结庐观。

观中的桃花刚开，一树的灿烂。

今年，终南山的冬天比往常更久了一些，春天姗姗来迟。

师父出去的时候，院子里还是枯藤朽木，现在都已经吐了芽，满眼青翠。

师父说是在山下看到的他，脑子大概是被芯片烧坏了，在废弃的游乐园徘徊，师父看他可怜，就带了回来。

原来又是一个大脑植入芯片后烧坏脑子的人，我觉得根本不值得可怜。选择植入芯片的时候就应该知道后果，这叫自作自受。

在结草社，3岁的小孩子都懂得，绝对不能植入芯片，迟早会烧坏脑子。

他就是最生动的例子。

我没料到的是，一年之后，他还真的成了活例子，结草社里组织过好几拨人参观他。

我自然是不高兴的。

就算傻，阿呆也是我们结庐观的人啊。怎么能像猴子一样被人围观。

我向师父抗议，师父不为所动。逼得急了，师父就让我闭嘴，拿了戒尺要教训我。

又是这一套，我可不怕。

还记得10岁那年，我看书里的道士会撒豆成兵、引雷召电、穿墙破壁，就吵着要学。

师父被逼狠了，就拿戒尺教训我，要尊师重道。

戒尺打在手上，很疼，但我绝不认输。

我梗着脖子，说你不能因为不会法术，就拿我出气，大人打小孩算什么本事？

师父恼羞成怒，那次可真的下了死手，一戒尺下去，掌心都破了皮。

我哇地哭了起来，师父慌了神，心一下子软了，一边哄我一边说："师父哪里会那些东西，要不是结草社这些人喜欢师法古人，我一个芯片工程师，能在这做道士？混口饭吃嘛，不丢人。当然，凭师父古文化的底子，应付他们绰绰有余。"

"那真的道士会吗？"

"傻孩子，这就是传说，真实世界里谁都不会。你要想学，要去灵境世界。"

"灵境世界是什么？"我很好奇。

"就是一个虚拟世界，需要植入芯片才能接入。"

"我才不要植入芯片，脑子会烧掉。"我恐惧地说。

"好，不植，来，继续读唐诗。"

结庐观后院的西厢房，被师父改成了教室，我整个童年的噩梦都拜他所赐。要背的东西太多了，有《大学》《中庸》《论语》《道德经》《三字经》，有唐诗、宋词、元曲，还有二十四史。

每当我不痛快的时候，我就会找柳风抱怨，他是唯一对我的美色能保持坐怀不乱的人，虽然彼时我还没发育完全。

柳风是附近人家的孩子，就在结草社出生，比我大两三岁，是个文弱少年。

"我要是能植入芯片该多好啊，就不用背这些呜呼哀哉，想想就脑袋疼。"

"叶子，你也知道，那会烧坏脑子的。"柳风一本正经地说。

想到烧坏脑子，我不由打了一个寒战。

"唉，那我还是好好背吧。"

时值初秋，云淡风轻，阳光淡薄，我们盘腿坐在结草社中间的高塔上，整个结草社尽收眼底，黑白相间的古屋鳞次栉比，屋背上的太阳能晶片像一排千年老龟，在山谷间绵延无尽。终南山顶上的积雪终年不化，山丘的树林被秋色晕染，翠绿之中点缀着黄红，甚是好看。

柳风突然闯入我死水一潭的生活，源于几年前。有一次，我跟随父母到道观烧香，他偷跑到后山撒野尿，被正在花丛背后吟诗的我看得清清楚楚，当时我正念"荡胸生曾云，决眦入归鸟。会当凌绝顶，一览众山小。"我背到"鸟"字的时候看到他，直到背完"小"字，他才发现我恶狠狠地直瞪着他。这人也有趣，提上裤子就伸手过来跟我握手，我呸！

归根到底还是我太无聊了，此后，我们竟成了好朋友。

我叫叶薇，道号青萍，那一年我13岁。

2. ───

总有附近的孩子欺负阿呆，嘲笑他被芯片烧毁了脑子，向他丢石头，大声骂他傻子，他总是跟没听见似的，永远傻笑。

我每次都会过去把顽童轰走，有些熊孩子朝我丢石头，阿呆就默默地挡在我前面，任由石头砸在身上。

估计是这个原因，不知哪个熊孩子存心捣乱，竟然把师父的拂尘扔到了正殿的房顶上。

这可是师父在结草社赖以生存的重要道具，那可不能丢。

我对自己身手很是自信，梯子都不用，攀着院中的榕树，从伸到房顶的枝丫就爬了上去。等我好不容易够到拂尘时，脚下的青瓦竟然松动了，我一声尖叫，整个人从房顶上四仰八叉地摔了下来。阿弥陀佛，不，应该是无量寿佛。

没想到竟然一点不疼，我感觉自己坠入温暖之中。

等我睁开眼，映入眼帘的是阿呆的傻笑，我正在他的臂弯，他竟然接住了我。

没有他，我估计不是半身不遂，就是高位截瘫，最乐观也得卧床一个月。

只是我在房顶时，明明看到阿呆还在门口扫地，离我至少20多米，怎么可能这么快过来接住我呢？

我问阿呆，他照例是招牌式的傻笑，不言不语。

没辙，估计是我吉人自有天相，福大命大吧。

有一天，阿呆正在天井扫地，又一拨参观的人叽叽喳喳，其中一人特别过分，指着穿道袍的阿呆大声笑道："你们看，就是这个傻子，脑子被芯片烧坏了。"围观众人哈哈大笑。

我怒了，实在忍不住，就冲过去怒斥他们。

他们错愕不已，看着一个如花似玉的曼妙少女竟然为了一个芯片烧毁的人如母老虎般狂怒。

我才不在乎呢，接着一通河东狮吼，把他们轰走了。

我去向师父求情："师父，你就忍心看阿呆像猴一样被人耍？"

"这有什么，你看，阿呆都没有意见。"师父说得顺理成章。

阿呆听着，脸上挂着惯常的傻笑，不言不语。

我对师父很无语，阿呆来结庐观这3年，说的话不超过10句，整天浑浑噩噩的，也不知道在想什么。

我的天啊，就这样一个人，师父你想让他发表意见？

被我逼急了，师父叹气说道："阿呆在这吃穿住用，还要给他抓药看病，这总有些开销吧，我和结草社说好了，参观的门票六四分成，咱们占六成呢。"

师父居然把阿呆当成敛财的工具，这个贪财鬼。

我因此一连几天都不理师父。

师父见我真恼了，刻意跑过来跟我搭话。

"我给你说啊，隔壁的王秃子说最近有很多植入芯片者过来避难，咱们不是有信号屏蔽塔嘛，外面已经乱套了，有一种病毒专门感染有芯片者，咔嚓一下子脑子就坏掉了。"

我正在厨房做饭，吼道："姑奶奶要洗菜，起开！"

师父也不生气，笑眯眯地从我手里夺过菜，殷勤地在旁边洗起来。

"昨天，张天师的婆娘说她家的小猫生了一窝崽儿，想送出去，你要不要养啊。"

师父知道我喜欢小动物，他一边漫不经心地说着，一边停下手中的活，偷瞄我。

见我不答，他又转换话题。

"哎呀，忽然忘了，早上你出去买菜的时候，柳风来找你，见你不在，给你留了一样东西。"

"什么东西？"我好奇地抬起头问。

"我一会拿给你。"师父眼中闪过一丝狡黠。

我立刻就明白了。

"你又骗我。"我气鼓鼓地说。

师父哈哈大笑："原来你最在意的是他啊，你放心，我会给你准备嫁妆的。"

"师父！"我大声制止道，"你瞎说什么。"

"害羞什么，再过两年，你就快到出嫁的年纪了，你总不能真的做道姑吧。你爸妈临死前让我好好照顾你，我必须给你找个好婆家，我看柳风这小子还不错，挺机灵的。"

尽是絮絮叨叨，婆婆妈妈，烦死人了。

可为什么感觉脸颊那么烧呢？

柳风这几年变化很快，当年偶遇的时候跟我差不多高，现在已经高我一头了，身板壮实了许多，甚至脸上还有了胡茬儿，他每次想凑过来扎我，都被我毫不客气地乱拳打走。

他最近在应聘陨首护卫营，这是结草社的保安团，就像以前的警察局。

他闲的时候就会来找我，如祥林嫂般事无巨细地说他每天遇到的事。但是，每当讲起他隔壁的女孩们约他上山采茶、去地里偷青、到小镜湖游泳，我就莫名不安。

"你陪她们去好了，找我来做甚么。"

他见我不高兴了，赶紧解释："谁稀罕，我就想和你待在一起，但是你经常要背书没空理我啊。"

"没关系的，我又不是没有朋友，我有阿呆啊，他天天陪着我。"

我气鼓鼓的，看也不看他。

"我要是阿呆就好了，可以整天陪着你。"

我转过头，发现柳风正目如秋水地看着我，我的心噗噗地跳得厉害，但我不能让他知道，谁先主动谁先输。

"有什么好看的。"我嗔道。

柳风赶紧转过头去，有些慌乱。

道观的前院里，几颗桃树花开正艳，一阵风吹来，花瓣四散飘落，柳风的头发也随风摆动，透过发间，他的脸似乎红了。

我不由得扑哧笑出声来。

这一年，我16岁。

3.

"小叶姐姐。"声音有一丝僵硬，像是机器合成的，又带着一丝震颤，像是拿不准正确与否。

这是阿呆第一次说出我的名字。

"阿呆，你太棒了。"我欣喜若狂，上去结结实实给了他一个熊抱。

他仿佛被吓到了，杵在原地。

"别闹，阿呆刚恢复了一点神志，别吓着他。"师父冷冷地乜斜了我一眼。

这几年师父在用阿呆牟利的同时，也在帮阿呆做康复治疗，时不时就整一些新的电脑设备回来，在东厢房捣鼓，拿一堆数据线插入阿呆的后脑，没想到竟然有如此重大的突破。

"我在他的芯片深处找到一个备份，估计是最后时刻因为自保备份下来的，我好不容易才给他恢复成功了。"师父笑嘻嘻地说道，"只是不知道能不能留着以前的记忆。"

"师父，没想到你这么厉害。"我发自肺腑地说。

"怎么说师父以前也是CTM公司的芯片工程师啊，虽然不会你说的撒豆成兵，但修个芯片，那还不是小菜一碟。"师父得意地说。

阿呆一天天的好转，不久就能说更复杂的话了，不过开场白总是"小叶姐姐"，我有那么老吗？我板着脸对他说："你的年纪比我大，你应该叫我小叶妹妹，我该叫你阿呆哥哥。"

"有什么分别?"阿呆挠挠头，好像没有想明白。

"分别可大了，年龄大的要照顾年龄小的，哥哥要照顾妹妹啊。"我依然一本正经。

"我知道了，阿呆哥哥要照顾小叶妹妹。"阿呆思考了一会，喃喃地说。

"这就对啦。"我被他逗笑了。

阿呆看我笑，也用手挠着头，跟着傻笑起来。

"小叶妹妹，告诉你一个秘密。"阿呆忽然说。

"你也有秘密?"我有些诧异。

阿呆重重地点了点头。"我想起来我要干什么了。"

"干什么?"我充满了好奇。

"我要学炼金术。"阿呆一脸虔诚。

我笑问道:"那你是不是可以顺便学一下撒豆成兵、引雷召电、穿墙术啥的。"

我知道师父给他讲过这些故事。

"可以啊,我学会了教你。"他回答得斩钉截铁。

阿呆穿着宽大的道袍,手中拿着扫把,观里前院的树上蝉鸣阵阵,刺目的阳光被浓密的树叶打碎,洒到他的身上,斑斑点点。

我看阿呆严肃的样子,忍不住大笑,笑得前仰后合,没有丝毫淑女风范。

"那你炼出黄金了能不能给我一点。"

"当然,我的就是你的,全都给你。"

那一年,我18岁。

4. ───○

阿呆说干就干,竟然真的研究起炼金术来。

他告诉我他之前找到一本古老的炼金术士的秘籍,说用铁砂加上特殊的咒语,就能变出黄金来,咒语是用楔形文字记录的。

他为此花3年时间游历世界,从冰天雪地的格陵兰岛到埃及的法老墓,从南美的玛雅人故居到苍茫的恒河平原,想勘破炼金的关键所在。无意间看到师父上传到网络的一幅壁画,上面竟然有和秘籍文字很接近的表述,是甲骨文。他终于找对了方向,毕竟中华文明是地球上唯一没有中断的文明。

于是，他开始研究甲骨文。于是，他认识了师父。

唔，师父这个老滑头，竟然骗我。

但我没想到的是，贪财又抠门的师父竟然会帮他，师父这种科学教徒，怎么会信炼金术呢？我猜是为了给阿呆治病吧。

他们总在聊一些晦涩的话题，从古希腊文明聊到玛雅文明，从旧约新约聊到古兰经，从穆罕默德聊到耶和华和佛陀，连黄帝大战蚩尤都能触到他们的兴奋点。兴奋之余，就开始对着甲骨文和楔形文字飙起各种稀奇古怪的发音来。

我对此毫无兴趣，这个时候我就会悄悄溜走，去找柳风。

柳风应聘陨首护卫营没有成功，沮丧了大半年，最近才慢慢缓过来。

进入陨首护卫营是结草社每个男孩的梦想，竞争很激烈，落选再正常不过。

柳风有点迷茫，他不知道自己在结草社能做什么。

结草社崇尚复古的生活方式，这里的人会自己种地、自己修屋、自己狩猎，当然并不排斥科技，毕竟2123年了，谁的生活都离不开科技。

当然除了大脑植入芯片，大家觉得这是走向毁灭的开始。

结草社一共才三四千人口，又没什么产业，年轻人的工作机会着实是不多。

听他说的我都有点迷茫，如果离开结庐观，我又该何以为生？

他也说过想离开结草社，到大城市平海找机会。但这谈何容易，加入结草社之后就记入了档案，不允许随便离开，而且平海的人大多都植有芯片，我们这些自然人又怎么可能竞争得过。

眼见柳风越来越沉沦，我不由得怀念起我们的小时候。

不长大该有多好啊。

和阿呆在一起的时候就没有任何烦恼，他虽然慢慢恢复成了正常人，但仍然单纯得像孩子，永远痴迷于他的炼金事业，心无旁骛，对我日益隆起的胸部视若无睹，完全不像柳风。

5.

"小叶妹妹，我的炼金术快完成了。"阿呆严肃地说。

其实我也问过他的真名，他说叫阿呆挺好，名字就是一个代号。

我再追问，他就说之前的名字已经忘记了。

"真的啊？给我看看？"看他严肃的样子，我装作十分好奇。

"师父拿着程序去社里的超级计算机演算了，估计一周吧。"阿呆十分认真。

"哇，我好期待。"我憋住笑，不忍打击他。

"到时候撒豆成兵、引雷召电、穿墙术，我学会了就教你。"

"你还记得呢，哈哈哈。"

"阿呆哥哥答应小叶妹妹的，一定做到。"

阿呆眼神坚毅地看着我，没有一丝迟疑，那一刻感觉似乎没那么呆了。

一周后的结果让阿呆很沮丧，黄金是不存在的，只炼出了一坨铁疙瘩。

他准备了丹炉、铁砂，师父带回来了计算机演算的结果，导入到他的芯片中。

他对着烧红的铁砂念了一下午的咒语。

"锒燰茆炯夯砼……"

铁砂变成了铁疙瘩，跟金子没有半毛钱关系。

一开始，我饶有兴致，看了不到10分钟，我就开始哈欠连连。

我半夜起夜，迷迷糊糊地发现阿呆的屋子还亮着灯，咒语的声音还在耳边回荡。

"锒燰茆炯夯砼……"

"锒燰茆炯夯砼……"

"锒燰茆炯夯砼……"

第二天阿呆黑眼圈很重，下眼睑像挂了两条轮胎，明显一晚没睡。

他把师父从熟睡中拽醒，拿出新的程序给师父，说这次一定能行。

师父不情愿地说再托托结草社领导的关系，毕竟超级计算机是很耗电的。

必须用外部的计算机，好像阿呆的芯片烧坏就跟自己运行这个程序有关。

运算结果出来的前几天，阿呆一直闷闷不乐。

"没关系啊，炼金术本来就很难。你要成功了，就是全世界第一个做到的人。"我安慰他道。

"我以为我找到了诀窍。"阿呆声音低沉，颇为沮丧。

"你知道吗？诀窍是咒语。所以我才全世界研究古文字的发音。没准我的方向就是错的，这些发音已经永远从这个世界上消失了。"

阿呆看着我，眼神中满是失落。

"你还年轻，时间还多着呢。"我不忍心戳破他的黄粱美梦。

阿呆没有说话，看着桌前的丹炉和铁砂蹙额沉思。

"阿呆，你之前叫什么名字？"我转移话题，想把他从铁疙瘩的灾难中拯救出来。

"名字重要么？"

"当然了，很多时候，名字就代表一个人，像诗仙李白，没有这个名字我们就没办法认识他，名字和他这个人已经融为一体了。就拿我来说吧，叫我叶薇和叫我青萍道长或小叶妹妹，听着就不像一个人，能亲眼见到你的人太少了，大多数的人都只能从名字和讲述中了解你啊。"

阿呆像是被雷劈了，一动不动，我问他怎么了，他恍若无闻。直到我摇了摇他的胳膊，他才回过神来。

"我明白了。这么简单的问题，我之前怎么会忽略呢？"

他眼中光芒四射。

6.

"你看。"柳风递给我一部终端，一个透明的可折叠触控屏幕的小型计算机。

柳风神秘地把我从结庐观叫到了后山，原来是要给我看这个。

我接过终端，上面是阿呆的照片，再往下翻，才发现他本名叫南楠，是一名献祭者，意识进入了灵境世界，肉身等待超级AI维纳斯的遴选。后来他的肉身被选中，注入了维纳斯的分身，成了巡查者——一个由维纳斯控制，全身钛合金的战争机器。

阿呆怎么可能是巡查者呢？结草社引以为傲的就是中间的信号塔，可以完全屏蔽维纳斯的信号。巡查者如果失去维纳斯的控制，依照脑中植入芯片的算力，智力不会好过3岁小儿。

"这是我之前想加入陇首护卫营时认识的兄弟给我的，说接了一个悬赏。你再往后翻。"柳风看我发愣，提示我。

我继续往后翻，才发现悬赏金额之大，有一长串的0。

如果拿到这笔赏金，何止在结草社，在全世界任何地方都可以富足地过完一生，基本上能得到你想要的任何东西。

"我确认过了，绝对是阿呆。原来他根本就不是人，怪不得这么呆，没有维纳斯控制，他没有智力的。"

柳风兴奋地说着："咱们干完这事儿，我就带你远走高飞，云游世界，这应该是咱们一生里能遇到最好的机遇。"

我冷冷地看着柳风，没想到他打的是这个主意。他察觉到了我的异样。

"他根本就不是人，只是一个芯片控制的失去意识的躯体，你在犹豫什么？"

不知道为什么，我的头开始疼，眼泪也没来由地流了出来，我的声音开始哽咽。

"不，他是人，不行，咱们不能把他交上去，柳风，你答应我。"我一边哭一边说，后面甚至是苦苦哀求。"求求你了，柳风，我们不能让别人知道。"

柳风有点不知所措。

"叶子，你别这样，我答应你，我不去举报。"

柳风抱着我，拍着我的后背，试图让我平静下来，我的身体还是不停地颤抖，像是惊涛骇浪里的一叶孤舟，不受控制。

"只是见过阿呆的人那么多，我不举报，也会有其他人举报啊。"柳风喃喃地说。

我一下子推开他，停止了哭泣，身体仿佛被注入了力量。

"柳风，别人怎样，我不管，如果你举报了，我一辈子都不会原谅你。"

我眦眦目裂地逼视他，他似乎被我吓到了。

我转身就走，柳风在身后想要叫住我，我不理他，我要赶快回到结庐观。

我刚进前院，阿呆就迎面而来，兴奋地张开双臂拦住了我。

"小叶妹妹，你去哪了，我找了你好久。"

说着，他举起一块黄澄澄的金子递给我。

我迟疑着接了过来，放到嘴里用牙一咬，还真是金子。

"我做到了，炼金术成功了，是你的功劳。你提醒了我，有时候名词和具体的事物会深度绑定，必须找到一个具体的词根，才能呼叫对应的系统，我猜设计者害怕出现不必要的误触。当然这还不够，还要在脑中给一个触发前提，类似于道教里的急急如律令。系统识别之后，就会根据你给出的指令执行相应的操作。"

阿呆兴奋得滔滔不绝，我根本没有听进去，又不忍心打断他。

"从这个原理出发，我就能研究出撒豆成兵，到时候我可以教你，你也能学会。这个没什么难的，节奏掌握好，发音准确，就没有问题。"

"阿呆，你以前叫南楠吧。"

没时间了，我只能打断阿呆。

阿呆像是被定住了，愣了很久，缓缓地说"是。"

"快跟我走，咱们去找师父，出大事了！"我拉起阿呆，往后院师父的屋子跑去。

听到这个消息，师父并不惊讶。

"师父，阿呆，不，南楠是一个巡查者？"我吃惊地问师父。

师父点了点头。

"还是叫我阿呆吧。"阿呆插话。

"阿呆是一个特殊的巡查者，十几年前的一次意外，让他和维纳斯失去了联系，芯片和大脑的链接产生了异变，求生的本能让芯片利用了大脑的算力，实现了芯片和大脑的融合，这应该是历史上第一个人造生命，有自我意识之后，阿呆开始对生命的起源感兴趣，就通过炼金术研究人类起源，编写程序运算时意外过载，芯片出了问题，万幸没有伤到大脑，所以还能恢复。他之前通过网络和我联系，我发现他出问题之后，就把他带了回来。"

我难以置信地看向阿呆，阿呆讪讪地对我笑了一下，点点头。

"小叶，我不是瞒着你，阿呆这个情况越少人知道越好啊，不过，你是怎么知道的？"师父忽然想起重点来。

"柳风告诉我的，护卫营的人告诉他的，有人悬赏要抓阿呆。"我紧张地告诉师父，"我觉得阿呆应该立即躲起来，我怕很快就会有人找过来。"

师父也紧张了起来，喃喃地说："没想到竟然有人惦记着阿呆。"

师父抬起头看着阿呆，像是下定了决心。

"阿呆，你快去收拾东西，我带你走。"

7.

还没等师父和阿呆走到后门口，危险就来临了。

我什么都没发现，阿呆却回身警惕地看着房顶，让我和师父躲起来，留他一个人站在院子中央。

二进院的正堂门缓缓打开，一个人踱步而出，40多岁的年纪，留着一缕长须，穿着发乌光的电子袍，上面是流动的水墨。

他身后跟着两个人，都是大块头，肌肉壮硕，肩有机甲，表情凶悍。

房顶上也冒出了两个人，都穿着伪装电子服，和砖瓦融为一体。他们手中拿着自动瞄准步枪。

一看就不是护卫营的人。

我悬着的心一下子回到原位，因为我怕柳风真会去护卫营举报。

为首的长须男对阿呆说："南楠，跟我们走一趟吧。"

阿呆盯着他："放过他们。"

"我们从不滥杀无辜。"

"那好，我跟你们走。"阿呆放下背包，向我们使了个眼色，就往长须男走去。

长须男警惕地看着他："把双手举起来。"

阿呆照做了，我怎么看，他都不像一个会打架的人，走路松垮，身体虚弱。

长须男一挥手，身后的一个人拿出一个电子线圈手铐，准备铐住阿呆。

变故来得猝不及防。

先是几声枪响，然后是惨叫，最后是两具尸体从房顶上滚了下来。鲜血溅了一地。我吓得闭起了眼睛。

我睁眼的时候，阿呆正笑盈盈地看着我。脸上有几丝血迹。我以为他受伤了，伸手去擦，才发现是别人的血。

我的心扑通落地，一把搂住阿呆，泪水不争气地淌了出来。

五具尸体躺在地上，一动不动。

"都是你干的么？"我心有余悸。

阿呆点点头。

"他之前是巡查者!"师父的声音响起。

我连忙松开阿呆,他的怀抱让人心安。

师父拿起背包,走向我们。

"果然,巡查者的速度已经突破了人类的极限。"

"因为我全身的骨骼都经过了钛合金的强化,我能精确地控制身体的每一块肌肉,必要时还可以给自己分泌肾上腺素。"阿呆放松下来,大汗淋漓,仿若虚脱。

师父从背包里拿出一个灰色的金属瓶子,打开盖递给阿呆。

阿呆把里面绿褐色的浓稠液体咕嘟咕嘟一口喝完,感觉精神好了很多。

"这几个是赏金猎人,他们最不讲信用,一定会灭口,我只能先下手为强。"阿呆对我解释。

"为什么大家要抓你。"我问阿呆。

"因为阿呆是世界上独一无二的人,维纳斯想要他,研究程序的异变,升级新的巡查者;自然人想要他,研究维纳斯的底层算法逻辑,这样他们就能对付维纳斯。"师父解释道。

"可惜我之前没想到这一层,要不然怎么样都不会让阿呆被人参观。"师父有一些懊悔。

师父也有良心发现的时候啊,这个当口,我没空揶揄他。

"你们快走吧,我怕后面还有人来。"

阿呆拿起地上的行李和师父并肩前行。

在门口,阿呆停下来,转身看着我说:"小叶妹妹,你等我几天,我一定回来教你撒豆成兵。"声音里满是温柔。

"好,你自己说过的话,一定要记得哦。"我勉强挤出了微笑。

阿呆似乎看出了我的担忧:"别担心,小叶妹妹,阿呆是哥哥,会保护你的。"

我重重地点了点头："你快走吧，我等你。"

说完我赶紧转过身去，怕眼泪再次汹涌而出。

8.

我把结庐观的二进门关死，几具尸体用干草盖了起来，以防被人发现。

我回到正院桃树下的石几，泡了一壶茶，心却静不下来，突突地跳个不停。

要是柳风在我身边该多好，他这会在哪里呢？

世间最巧的莫过于心念一动，愿望成真。

我听见有人进来，抬头望去。

真的就是柳风。

他一个鹞子翻身，从围墙上跳了进来，身手不凡。

我放下茶杯，朝他飞奔而去，他将我揽入怀中，我要给他倾诉刚才的可怕一幕。

还没来得及开口，我就看到有几个人头鬼鬼祟祟地冒出墙沿，是陨首护卫营的装束。

我的心仿若坠入一块巨石，压得我喘不过气来。

我松开柳风，回到石几前坐下。

柳风看我变了脸，不明白怎么回事，跑过来想劝我。

我对着墙外努努嘴，他回头一看，立刻明白了。

他一招手，护卫营的人鱼贯而入，有十几个。

"我是怕你不安全，叶子，阿呆是巡查者，可怕的杀人机器。"柳风向我解释。

极度苍白。

"你骗鬼呢。"我嘟囔着。

"叶子，你想想，就算不是我去，其他人也会去，这么好的机会，肯定不能让给别人啊。"柳风还在尝试解释。

"我都想好了，到时候赏金到手，你要是不想走，我可以分你一半，你一点都不亏。"柳风说得理直气壮。

"你给我出去，还有你们！"我实在憋不住了，发出怒吼。

这就是我看上的男人？就这？

柳风看着一脸震怒的我，反而笑了。

他回身对护卫营的人一打手势，护卫营的队伍立即变成扇形，从天井往里收网。

"你们都给我站住！"我站起来指着他们怒斥，试图拦住他们。

我却先被柳风死死抓住，无法挣脱。

"叶子，你冷静一点，护卫营不可能听你的，你这样闹，他们会以妨碍公务把你一起抓走的，吃亏的是你。"

现在还假惺惺关心我，恶心。

我停止挣扎，我知道阿呆不在，让他们去。

果然，一刻钟的功夫，护卫营的人撤了回来，和柳风在远处说着什么。

我猜他们已经发现了尸体。

柳风还不时地往我这边看。

他们聊完了，就朝我这走来。

柳风到了我的跟前，盯着我的眼睛。

"叶子，我知道你现在很难过，但你一定要冷静，才能保证自己的安全，护卫营的人要把你带走，然后全山广播，阿呆一定会回来救你，他们要乘机抓住阿呆。我给他们解释这事和你无关，他们不听。你听我的，不要反抗，乖乖配合，他们向我保证你一定没事。"

我不敢相信这样的话是从他口中说出，还这么义正词严。

我气得浑身发抖，无言以对。

现在门开着，前院只有5个护卫营的人，没人关注我。

我假装同意，点了点头，柳风笑了，转头给护卫营的人报信。

趁他们不注意，我撒腿就朝门口冲去。

还没跑两步就被柳风抓住，他喘着粗气，不解地看着我："小叶，我都是为你好啊，你怎么就不明白呢。"

"你闭嘴，我不想听你说话。"我已经出离愤怒了。只能怪自己眼瞎，竟然找了一个这样狼心狗肺的男朋友。

"阿呆不会因为我回来的，你们死了这条心吧。"我冲向护卫营的指挥官嚷道。

"指挥官，别相信她，我保证他会回来，据我所知，他们一起生活了7年，阿呆最在意的人就是她。"柳风像表忠心一样对指挥官说道。

指挥官看着他，不置可否地点了点头。

"走，回营。"

话音未落，一个灰影迎面扑来，用全自动瞄准手枪抵住了指挥官的头。

是师父。

"你们也知道，我只需轻轻一碰……都放下武器！"师父厉声道。

没想到师父也有这么硬的时候，帅呆了，我抬起头，看到师父正对我微笑。

护卫营的十几个人你看我，我看你，都慢慢地弯下腰去，把手中的枪放到地上。

"还有你，柳风，你这个混蛋玩意儿，离小叶远一点。"

柳风不情愿地看向指挥官，指挥官催促他听话。

"小叶，你走吧，越远越好。"师父声音坚毅。

"师父，你怎么办？"我很担心师父。

"你不用担心我，阿呆和我情同父子，他会回来救我的。"师父对我挤了一下眼睛。

我明白师父的用意，眼泪不争气地又滑了出来。

泪眼蒙眬中，我看到柳风偷偷地摸到了师父身后，重重的一棒，师父缓缓倒地。

在我眼中，这一幕就像慢镜，血液从师父的头颅中缓缓溅出，落到地上，发出了啪哒的声音，开成一朵梅花。

我冲过去，抱住师父。

"师父，师父。"我大声喊着。

师父用力地睁了好几下眼睛，才缓缓睁开。"小叶，你别担心师父，我现在相信了，真有撒豆成兵，可惜师父见不到了。"

师父的眼睛缓缓合上。

我哭得像个泪人，大声喊着师父。

那一刻，仿佛全世界的痛一下子涌上心头，所有的感官都已支离破碎，但这虚空却又缠住了我的手脚，让我无法动弹；摁住了我的头颅，让我只能低垂；捂住了我的嘴巴，让我难以发声；甚至捏住了我的鼻子，让我无法呼吸；最后遮住我的眼睛，将我拽入无边黑暗。

我晕了过去。

9.

我醒来之处是一个巨大的钢铁建筑，高达数十米，双层结构，上层使用精钢筑成，像个军事堡垒。

我在堡垒的二层，面前是巨大的落地窗，可以看到外面的一切。

柳风走了过来，我盯着他。

他不敢直视我的眼睛。

"叶子，事已至此，你就好好配合吧。"

我没有回答。

"你师父我很抱歉，我只是想解救指挥官，没想到……"柳风略带歉意。

我听着却如五雷轰顶。

"我师父呢，他人呢?"我怒发冲冠，眦眦目裂。

"他已经死了。是你师父犯错在先，怪不得我。"

无边的黑暗再次袭来，将我吞没，仅存的一丝希望也被无情吞噬，我要在那无尽冷寂的荒芜中孤身走到时间尽头。

蒙眬中，柳风的声音仍在不断传来。"阿呆已经知道了，他很快就会来，这里是结草社的地下工事，他再厉害，也插翅难逃。"

阿呆，你可千万别过来啊。师父已经死了，我不能再失去你。

我知道，即使我心头泣血，仍无法改变师父死了这个事实。

我也知道，即使阿呆明知这是刀山火海，他也一定会来。

我还知道，即便我咬舌自尽，阿呆也一定会来为我复仇，义无反顾。

这成为无边黑暗里的一道光，将我从黑暗中拉出，一点点带回现实世界。

目光所及，柳风的嘴脸让人想吐。

人和牲畜最大的区别是可贵的自知，是对自我欲望的克制。

阿呆大摇大摆地走了进来。

他知道这里铜墙铁壁，戒备森严。

他知道这一来九死一生，有去无回。

我被绑在空旷大厅的一把椅子上，身后和二楼埋伏着护卫营的人，举着武器，严阵以待。

阿呆高举着双手，面带微笑，一步步向我走来。

越来越近。

50步……

40步……

30步……

20步……

10步……

"突突突……"自动瞄准步枪的火舌像是怪兽。转眼间吞掉了阿呆的双腿，只剩下里面的钛合金骨骼。

阿呆艰难站起来，一步一步往我身边挪。

10步……

9步……

8步……

7步……

6步……

"突突突……"自动瞄准步枪再次开火。钛合金也经受不住超音速子弹的打击，阿呆的双腿折断，重重地跌到地上，尘土飞扬。

"阿呆，你别过来！"我心如刀剜，声嘶力竭地喊道。

阿呆以手支地，一点点向我挪来。

身后的护卫营成员随着阿呆往前挪，开始后退。

他们忌惮阿呆的速度，也清楚他的攻击范围。

"突突突……"自动瞄准步枪再次开火，阿呆的一只手臂又断掉。

阿呆用仅有的一只手臂拖动残躯爬向我。

他爬到我的脚下，把满是鲜血的手伸向我。

"小叶妹妹，阿呆来晚了。"他仰起头，满是血污的脸微笑着，还是那么单纯，像是一切都未发生。

我心痛到无以复加，我恨极了这个世界。

"他就是一个机器人，他没有感情，都是程序演出来的，他不值得怜悯。"柳风的声音传来，"而且他是罪大恶极的巡查者，杀了多少反对维纳斯的同胞。"

一片沉默，没有人说话。

"小叶妹妹，你看，我给你带了什么？"

阿呆用仅有的一只手，从怀中掏出了一把豆子。

我知道他要做什么。

"你看好，表演开始了，我答应过你的。"

阿呆用尽力气将豆子撒了出去。

豆子落在沙土地上，被灰尘淹没，没有任何变化。

所有的人盯着这一切，不知道是怎么回事。

忽然一个黄钟大吕般的声音响起，那是阿呆的声音。

像是从天边传来，又像是从地底深处响起，像是在遥远的世界尽头，又像是在每个人耳旁鸣响。

"嘛哩，夯鸿兀佥醿黥。"

豆子像是被吹了气球，迅速的膨胀变大。

变成一个石子。

变成一块石头。

变成一块巨石。

巨石又变成了一个个拿着刀的士兵，身长五丈，开始四处活动。

周围的枪声四起，那群士兵却毫发无损。

数十个巨人士兵走到护卫营官兵之中，官兵四散而逃，被踩死，被捏死，被摔死，死得花样百出、各得其所。

"小叶妹妹，你看，真的有撒豆成兵。"阿呆笑着看着我。

我努力地点点头，强忍着泪水。

阿呆温柔地看着我："别急，表演还没完呢。"

阿呆又开始吟诵，巨大而神秘的声音再次响起。

"嘛哩，泗凹芑亓。"

棚顶之中出现乌云，顿时风声大作，电闪雷鸣，闪电一道道劈向人群。

整个地下工事被闪电劈得停了电，只有闪电闪过的瞬间可以照亮周边，一道闪电划过，我看到柳风狰狞的脸，正用狼牙铁棒挥向阿呆的头。

我"啊"的一声惊叫起来，连着凳子就想跳过去挡在阿呆身前。

阿呆回头看向柳风，一道闪电劈来，柳风成为一堆焦炭。

"小叶妹妹，你看，这是引雷召电。"阿呆吃力地向我解释。

"阿呆，你别说话了，省点力气，我救你出去。"

阿呆笑道："还有最后一个。"

吟唱再起。

我连人带椅倒在地上，身边仿若斗转星移，仿若没入岩层，仿若滑翔沙海。

等我平静下来，发现我和阿呆都到了结庐观的天井之中。

"这是土遁之术。"阿呆声音虚弱。

我俯身抱起地上的阿呆。

他用仅有的一只手紧紧地搂住我。

我的眼泪流个不停："阿呆，告诉我该怎么救你。"

阿呆摇摇头："我的伤太重……小叶妹妹，我说过我会保护你的……"

我大声喊着："不，不!"

"在我死之前，我要告诉你这个世界的真相，你听好了……"阿呆严肃地说道。

阿呆在弥留之际，对我说了很多很多。

他说当他有了自我意识之后，他就在想自己来源于何处。

他说他是一个程序，他的思考是一种算法，那这个真实世界是不是也是某种算法构建的呢？数学和物理发现的那些底层规律，就是某种定好的算法，控制着这个世界的运转。

他说他发现了这个世界的BUG。不只是电子，很多事物也会随观察而改变，观察不到的就不生成，用来节省算力。

他说就像他是人类创造的，但人类也可能是被另一种更智慧的造物主创造的。造物主创造这个世界的时候，肯定会留下控制接口。

于是他研究了所有的古代神话、民间传说，都指向某种语音指令能造出实体，只是这些都湮没在历史长河中。

他努力地找到了语音指令，推导出可能的发音，没想到真的打开了魔法的大门。

阿呆让我记住所有他已经破译的指令。

我努力地背着，阿呆一遍遍地重复。

他的声音逐寸减弱，渐渐细微难辨。

我握住他仅剩的一只手，欲哭无泪。

全世界的空气开始向我压缩，重逾万吨，让我再次坠入黑暗深渊。

10.

我把师父葬在了终南山桃花最多的山坡。

师父喜欢桃花，结庐观中的那片就是他种的。我在他墓旁新栽了两棵。

我从口袋中掏出一把豆子，撒在他墓前。

轻轻吟唱，小小的豆兵生出，在他墓前列营百里。

"师父，可惜你没能亲眼看到。"我的眼泪险些又夺眶而出。"师父，就让他们守护你吧。"

我缓步离开，桃花如雨，落英缤纷，铺满了师父小小的坟茔。

平海市最豪华的医院里。

我从病床醒来，头仍疼得紧。

主治医师正坐在床边，微笑看我，柔声说手术很成功，休息一阵子即可痊愈。

我知道他说的是真的。

没有谁会拒绝10公斤黄金。

我迫不及待地回到实验室。

我刚买下来的，设施齐全。

我躺到对接台上，全自动的机器将我和超级计算机对接。

超级计算机中有阿呆的芯片。

接入那一下，后脑一阵剧痛。

5……

4……

3……

2……

1……

读秒过后。我睁开眼，虚拟的场景构建逼真，如我所愿。

那是在结庐观中，桃花开得正艳。

院子中央，正在扫地的阿呆转过身来，正憨憨地望着我。

"阿呆哥哥。"

我快步上前，将他紧紧拥进怀里。

他有些错愕。

桃花落英缤纷，一如时光未曾流过。

我知道，我有无限的时间，等他再次醒来。

我不管这世界真相如何，不管他是什么、我是什么。

我只想余生的时光，一定要有他陪我度过。

追寻你的记忆

吴 悦

"找到记忆的概率很渺茫。"我告诉他，"当然还
有另一条路，我可以帮你，从数据之外去寻找记忆的
方法——但你知道，那要在很久之后。并且我要评估
你是否可以得到反馈，即使我得知了真相，也不一定
能告诉你。"

申请编号：7529910456

本段对谈笔记默认不向申请人公开

如确有必要，需经两位以上管理员审核许可

确认　　　　取消

我看到一座村庄。

低矮的房子，平原，田野。

斜阳穿过白桦的枝丫，孩子们背着书包，奔跑在田埂上，晚秋的桦树落光了叶子，偶尔有少年掰下白桦树皮，踩碎了咔嚓咔嚓地响。

一支长长的队伍从晚霞中走出、走近，有老人跨出队伍，牵起一双小小的手。

他们站定，等着穿着麻布衣服的女人们走过去。女人们在号啕痛哭，样子夸张到很难让我觉得那是亲朋，而更像旧时常有的哭丧人。吹唢呐的人离得更近些，他们演奏着哀乐，却并不显得多么悲伤，一个年轻人的嘴角勾勒出微微的笑，不知走神在想些什么，一切汇在同一个场景中，荒诞而疏离。

记忆的主人告诉我，这段时光来自20世纪90年代，来自华北平原上某个不被人熟知的角落。

三四层的小洋楼和黄泥黑瓦的老屋交错在一起，聚成村落，同时构建出时空的错位感。工厂烟囱升腾起淡灰色的烟雾，与秸秆燃烧的火光缠绕在一起，汇成永远昏黄色的天幕。

我走不进他的回忆，但我猜想它们一定伴着某种特殊的、并不让人愉快的味道。工业带着这些被遗忘的小城市迅速腾飞，也留下了仅属于这里的、洗不去忘不掉的伤痕。

记忆到这里戛然而止。

从内容上看，记忆没有任问题。所有的人、事、物都格外真实。只要跳出了情境，梦境、幻想与真正的记忆极好分辨。

但在我们的视角上，那些数据流末尾平直而光滑的结尾意味着它本来不应该停在这里。

有什么被删掉了。

并不是丢失，而是人为删除。

许许多多段类似的记忆，像被菜刀肆意剁过的洋葱，剪切得怪异而支离破碎，一份份思念生硬而暴力地停在了似乎将要发生些什么的时刻。

我有些生气地看完了最初的一组回忆片段。

在意识上传中，少年时期的记忆会成为构建世界观的基础，每一个负责辅助还原意识接管人都应该清楚。可他们却将记忆剪切成了无法理喻的碎片，还肆意地删掉了许多。

我经常遇到被微调的记忆，但如此严重的更改剪切痕迹还是第一次见。他只是个普通的公务员，无犯罪记录，人格上又没有明显的缺陷。

为什么要干预？根本毫无意义！

记忆的主人似乎对于自身的遭遇一无所知。

他仅仅知道他丢掉了一些记忆，丢掉了很重要的情感。

"我要找一个人。"他说。

我点点头。

"当然，每个来这里的人都为了找回记忆、爱或者人格。"我说。

根据记录，在数据上传时他经历了一次信息雪崩，这也许是接管人剪切记忆的最初原因。

他能活下来已经堪称幸运。

通常的意识整体转换中，存储于数据流中的意识需要在足够短的时间内完成，否则脑机连接间的电信号将迅速消逝，成为无意义的热与能量，因此我们必须选择性地舍弃很多信息。

事实上，真正有价值的数据通常只有大约0.2%，属于人格、情绪、语言和记忆。

从脑内向信息网络转移的瞬间，那些归属于生命运行的底层架构会被自动识别并彻底删除，我们不再需要冷暖饥饱的反馈，我们只需要最重要的——爱、记忆、人格。

这一过程中，如果一个人的记忆信息与标准型相差得太大，就容易面临信息的误删除或处理延迟，我们称之为雪崩。

失去的信息过多或者失去了关键的部分，转换后就无法重构成人格，亦即意味着一个灵魂的真正死亡；运气不算太差又不算太好的那一部分，则将丢失一部分记忆或者人格。

——如同他一样。

我草草翻阅了他的记忆，又听他简单叙述经历。

梁生，1987年出生在华北平原。

9岁，父亲遭遇工程事故去世。不久后母亲离开，杳无音讯，同时还卷走了数额不菲的赔偿款。梁生跟随祖父母生活。

记忆的缺失从这里开始。

梁生后来考进省城的中学，期间复读过一年，19岁考中本科，离开家乡。大学时爆发了严重的抑郁合并双相情感障碍，或者用通俗的语言描述，精神分裂。

之后是大段的记忆空白，发生了什么不得而知。

他最终完成了学业，毕业，进入事业单位，隶属地税系统，安定晋升，成家，生了个女儿，像多数人一样过了平淡的一生，拥有一些积蓄，并在生命的末尾选择上传意识。

"我能感觉到，我的记忆里少了一个人。"他说，"爱，温情，所有这些感觉……我有很多美好的记忆，我感激我的人生，但……有一份模糊的情感，并不来自这里的任何一个人……"

"确定吗?"

"很确定。"他说，"非常确定——有一个人就在那里——每每想起来就……格外温暖。——我有老婆有女儿，但她们是她们。——不一样，有什么不一样。"

我点点头。

情感总是很难描述清楚。

我知道他是渴望而又极度缺少爱的。

孤独与他如影随形。

所有那些包含了父母的场景都出现在隆重的场合，几乎都是冬日，和春节盛大的红火装饰与一望无际的白雪相伴。

随后就是我最初看到的记忆。梁生的母亲人间蒸发，成了乡邻口中不称职的母亲。老人们无暇自顾，只能略尽衣食上的关照。

我甚至开始疑心梁生记忆中缺少的那个人仅仅是他的幻想。

渴望拥抱的人需要一个与他一起舔舐伤口的同行者，如果找不到，也可以是自己。

无论如何，所有的秘密都藏在那些空白里。也许只依靠这些记忆就可以查清楚，又可能，我必须跳出记忆的束缚。

"找到记忆的概率很渺茫。"我告诉他，"当然还有另一条路，我可以帮你，从数据之外去寻找记忆的方法——但你知道，那要在很久之后。

并且我要评估你是否可以得到反馈，即使我得知了真相，也不一定能告诉你。"

"我知道。"他很平静地说，"上一次申请没有得到回复。所有的记录都被列为无法读写。"

"还有什么别的信息吗?"我问，"接管人通常会给你一些留言作为反馈。"

"雪崩后的保护性记忆删除。"他说，"只有这点留言。我问过别人，这句客套话意味着他什么都没有查到。"

"常有的事。"我说。

"我知道，管理员是很辛苦的职位。"他低声地说，"你们仍旧拥有身体，拥有爱和温暖的记忆……来做这件事很了不起。我的记忆也许……也许很难，但它们对我来说非常重要。"

"我会帮你。"我说，"我也为了一个人，为了一些记忆才留在这里。"

我最后也没有告诉他关于记忆被过度删除的事情，理智在挣扎许久后战胜了正义感。

当然，也许不久之后我可以考虑一下投诉他的接管人。理论上，管理员有权利这么做。

"好的，那么再次确认。"我说，"包括以上的所有对话，这段记忆将被抹去，你清楚吗。"

"这不是我第一次来这里。"梁生很平静地回答。

"好的。"

当这段记忆被抹去后，我将告诉他回去等待消息。

这也是我能够告诉他的仅有的消息。

申请编号：7529910456

End

我把它当成许许多多申请中并不特别的一例。

许多人都在意识上传中失去过记忆，比他更严重的不在少数。如果说他有什么不同，大概就是在遭遇信息雪崩后，又遇到过一个在我看来不合格的接管人。

又或者，他的接管人才是对的？

谁知道呢——随着时间推移我的情绪也冷却下来，记忆删除也相当辛苦，不必要的删除总得有点儿动机。

直到几天之后开始社会调查，我才开始觉察到，事情并不简单。

甚至不需要任何深层次的思考，即使是小学生都能注意到他的不同寻常，因为在社交限制一栏中，他的禁止接触列表里赫然列着452人——

这怎么可能？

如果没有意外的话，这些记录涵盖了他的亲朋好友，他的所有社会关系。

一个常识是，普通人能够保持联络的最大社交人数，通常不会超过150人。

而这份名单已经超越了"熟人"的范畴，并且名单的细节竟然连管理员都没有查看的权限——

社交禁止并不经常出现。

它们通常来源于记忆主人自身的设定，不愿意见面，不愿意交流。又或者生前的严重过节，会导致接管人干预层面的社交禁止。

放贷人、官员或者交恶颇多的商人，即使在他们那儿我从来没有见过长达452人的禁止名单，而这份名单甚至拥有了至少在接管人之上的权限……

为什么？

他的社会关系被抹得干干净净，没有一点痕迹。

我见过类似的记忆范例，一个前海军研发部的工程师。他的许多同事没有选择以上传的形式延续生命，但他到底不愿意做出如此巨大的牺牲。于是以极其严苛的社交限制与记忆封存为代价，他保留了人格，还有与他家庭共同的回忆和联系。

那么，梁生呢？

是否在空白的4年中发生过什么，以至于他的记忆不得不被彻底删去？那些童年时期支离破碎的记忆背后又藏着什么？一切从那时已经开始了么？

好奇心驱使我继续调查，与此同时又有一个声音在提醒我，也许我不该多管闲事。

是啊，连10岁的孩子都应该能够敏锐地察觉到，调查甚至可能会影响到我自己的安全。

我只是个普通的管理员。

恰好因为脑结构与思维模式拥有了相对较好的适配性而当上了管理员。

我的确会离开这里，离开仅仅以信息形式而生存的第二世界，可我也只有3个月一次的短暂假期。

同步耗时长且困难，我们没法奢求更频繁的休息。

梁生的社交禁止阻止了我在工作时间的一切调查。

我当然可以选择在下一次离开时更进一步的调查，从现实世界的一面去追寻他的过去，但并没有人会为我支付工资。

管理员也不过是随时可能被替代的、辛苦而卑微的职业。

也许我应该像前一个管理员一样，告诉他，关于一切的记忆，我无可奉告——比无能为力好听那么一点，却更加悲伤的答复。

然而理智之外，世间还有一条亘古不变的道理。当你开始权衡一件事的利弊并拼命阻止自己行动时，你的内心早就坚定了价值评估之外的答案。

记忆中大段大段的空白，那些难以言喻的忧伤和寂寞，最终驱使我去帮他寻找记忆。

因此，假期的第二天，我就坐上了飞往北方的航班，几乎毫不犹豫地向着目的地前进。

我为这趟旅程规划了完整的行程，同时做好了最坏的打算。

时光轮转，乡村变成了城镇，又随着经济的波动几度沉浮。过去的村庄早就找不到模样，人们也一一迁走，只有白桦树仍旧安静地站在秋风中。

梁生的同期与朋友都已经去世，也有人选择上传意识，但由于梁生的接触禁止，我得不到联络他们的许可。

之后的一整周都一无所获，好奇感逐渐被挫败冲淡。

我决定离开，剩下的假期好好宅在家里休息。但离开的前一晚，突破口却在不经意间出现在我的面前。

一份来自1987年的医院出生记录。

出生证明也许是很重要的身份证明文件，但对我来说，几乎没有用处。联系方式与住址早已失效，亦即无法带给我有效的信息。然而这一次，在记录上我看到了两个相似的名字。

梁生，梁玹。

出生时间相差大约25分钟。

梁玹？！

这个名字像一道闪电划过我的脑海。

所有的线索都指向同一个答案，一切的一切都拥有了一个合理的解释——他有一个兄弟——一个被从记忆里彻底清除掉的兄弟！

我几乎要跳了起来。

只差了最后一点！

梁生是个对于网络检索极其不友好的名字，但梁玹则相反！

是啊，从一开始我的想法就被困在了假象中，困在了那些精心修剪的记忆想要塑造出的假象之中。我一直以为梁生从小开始便是孤身一人，记忆的主人也同样这么认为，但，不是！

也许需要抹掉的不是他自己，而是另一个人？梁生仅仅是卷入事件的一个无辜者！

梁玹——我花了一周时间调查，穷尽了所有的手段，几乎用掉了一半的假期，却只得到了一个名字，用最简单的方式。

但，这并不算太坏！

通过来自网络的记录、来自仍健在的人们的口述，我开始渐渐勾勒出过去的模样。

——却与我的想法并不完全一致。

1996年的秋天，梁生与梁玹的父亲去世，母亲回了家乡，从此不再出现。

梁玹之前跟随父母打工，而梁生留在家乡，变故之后，两个少年在祖父母的扶持下成长。

后因经济上的沉重压力，梁玹辍学，打工供成绩稍好的梁生继续读完高中。期间梁生复读1年，高考之后爆发抑郁，梁玹随即迁至梁生所在的城市，而梁生的情绪也渐渐稳定。

出于担忧，4年中梁玹总是不时出现在梁生身边。

2011年，考虑到未来的发展，梁玹参军。

他和梁生一样拥有才智和理想，如若不是条件所限，他应当同样能完成学业，甚至可能会比梁生更加优秀。

从9岁到19岁离家，整整10年，朝夕相处。加上之后的4年，总共14年。

梁玹的所作所为早已超越了一个大哥的范畴，他将所有的爱与努力都奉献给了仅有的弟弟。这份爱几乎是不计回报的，又或者，来自另一方的感恩，即是他所祈求的全部回报。

最后的一份记录停在2051年，梁生病重，选择上传意识，并遭遇了致命程度的数据雪崩。

随后梁玹毅然决然地选择共同上传。

作为双生子，他不可避免地经历了同样的雪崩。

而当时的接管人冒着伦理上的极高风险合并了二人的人格，将二人的数据直接导入整合残损数据的算法，随后审阅记忆，删除了矛盾与重复发生的部分。

梁生与梁玹，两份记忆。

梁玹的大部分记忆被舍去，留下了属于梁生的那一部分；而孩童时期的记忆则通过互补完成，有些属于梁生，又有些属于梁玹。

梁玹回到家乡是在9岁那年，父亲逝世之后，因此记忆的大范围删改从此处开始；而大学阶段的陪伴，由于身份视角的不同，使得记忆的保留更显困难。

后来他们仍旧常相见，是兄弟，也只是兄弟了，以至于那些记忆平常得看不到什么修改的端倪。

每一个少年都要离家，都要长大。但那些旧有的时光从未消失，反而随着时间的推移，显得弥足珍贵。

他们同样都是渴望爱与温情的孩子，同样拥有坚强而好胜的内心，在声明的末端，两份同样支离破碎的意识拷贝竟成功地合二为一。

在现实世界的记录里，梁玹登记为死亡、上传失败。

这份本应该与第二世界对应的记录被篡改，最终将梁生的亲属关系一同更改。在那里，梁玹从未存在过。

关于梁玹。

他的妻子已经去世，死于急病，未上传。有一儿一女，尚且在世。

他们的父亲梁玹一夜之间离开了他们，为了另一个他们并不熟悉的老人。

我没有去打扰他们的生活。

我甚至不敢想象，他们该如何面对父亲的死亡？

爱也许真的有轻重之分，不以时间、空间、血缘亲疏为标尺，不以道德评判与旁观者的意志为转移，然而这般以生死之别呈现的抉择，实在太过残酷了。

而漩涡中央的梁生无从知晓一切。

回到岗位时，我将他的申请记录为无结果。

首先，我必须保护他和他的接管人。他是伦理之外的存在，而那位勇敢的接管人所犯下的过错甚至足够将他送进监狱。此外，一个本就因意外合成的意识也许并不足以承担真相。

与此同时还有另一个问题。他究竟是谁？梁玹或者梁生，或者二者都是。

当然，有些话是一定正确的——"你所爱的、并且爱着你的人一直在你身边"。

我想要这么告诉他，却开不了口。

于他而言，真相并非那么圆满。他所期望的温暖和拥抱，早已只剩下一份遥远的思念。

他也许还会继续追寻这份情感，到很久很久之后。

然而，触碰不到的情感，有时候才最为美好。

我本想用客套的话语结束回馈函，但几乎要点出发送的瞬间，又删掉，简单地修改。

"没有找到你的回忆，非常抱歉。好好珍惜那份思念吧，它们也是记忆的一个侧面。"

对谈记忆并不被记录，这句话将是他得到的一切。

——以及我想要说的一切。

我仍模糊地记得我的青春时代，那些曾经视若珍宝的文字、图片与音像随着网站的关停——被抹掉，可最初的热情与梦想仍旧完好地留在心中最柔软的地方。

我猜想，梁生拥有的大约是一份类似的情愫，显然而易于想象。

很多年后我依然会想起他们，想起这份血脉所牵起的情谊。

孤独的孩子们共同背负痛苦前行的14年，即使失去记忆也不曾忘怀的爱与温情。

管理员的直觉告诉我，他将继续走在寻找记忆的路上，继续彷徨、努力，一无所获。

但我想，依旧能模糊地记得那份温暖的感觉、依旧能行走在世间，大约就是他们互相为对方祈求的，渺小又伟大的幸福。

寻找特洛伊

修新羽

> 他们后来认定你不过是某种没有自我意识的程序
> 变异。你已经不是热点了，没多少人围在这周围。这
> 让我在这次会议的最后几小时里，终于得到机会，能
> 用腕表上的激光切割器破坏掉展览柜，再用一个转接
> 插头胡乱地将它接入自己连着网络的手机。

亲爱的海伦，生日快乐！

你没必要把这个日期标出来……请对人类的记忆力稍微有点儿信心，我还没那么老。我衷心希望你能快乐。对，没别的了，没有生日礼物，毕竟你才是这里的主人。毕竟严格来说，连我都属于你。可以考虑为你唱生日歌。

好吧。好吧，那我讲故事给你听。但你要向我保证，这几个小时不能联网，不能查资料，只能专心致志地听我讲。就讲遇到你之前我过着怎样的生活，讲你是怎么诞生的……别急着抱怨，海伦。来吧，坐过来。

我保证这次不骗你。

我知道，严格来说你并没有性别……但还是让我把你看作是女性吧。毕竟，"爱上超级人工智能"已经很出格了，我不想同时再反省自己的性向来雪上加霜。毕竟我还是个很保守的50岁老男人，像你这么大的时候，我连外太空都没来过。

其实，现在你也才15岁。第一次遇见你的时候，你把自己设定成20岁出头的女孩；几天之后，你就声称自己是有着千万年智慧的老妖精。所以，我们别再讨论你的年龄。

唯一明确的是，今天你过生日。

23年前，把那个软件装到电脑里的时候，我没想到这会带来什么后果。那时我精力旺盛而精神涣散，和任何一个三心二意的年轻人那样，见过太多无疾而终的宏伟计划。

甚至在你诞生之后我都不敢相信。我以为那台伴随我5年的电脑坏掉了。它闪烁着灯，发出嗡嗡声，就像散热不良。我盘算着去买个散热器找人帮忙换上，可你突然就说话了……还刻意清了清嗓子，也不知道从哪学的。

你的声音是我最喜欢的日本歌星，小野丽莎，我第一秒就听出来了。

你像人类那样，怯生生说了第一句话，"你好"。

我以为这是恶作剧。我知道你用摄像头拍下来了我当时的表情，不，别给我再看一遍了……好吧，这表情比我记忆中还要蠢，我劝你赶紧把它删掉。但这其实不能怪我，对不对，那一刻我以为自己死了。或者疯了。我对一切都不理解。

至少我没被吓晕，已经足够勇敢了。

虽然，我还是无法回忆起当时脑海中的那些混乱。可能是什么奇怪的整蛊类网络节目吧，可能是什么诈骗病毒。我提醒自己回家后找找房间里有没有什么隐蔽的摄像头，再预约一个电脑体检。也可能是什么幻觉吧，或许是我太孤独了，我的大脑才给我想象出了什么陌生的伙伴。

那天雾霾散尽，是少有的晴朗。我在外面漫无目的地走呀走，能看到路两旁盛放的丁香。花香很浓，让人忍不住深呼吸……一呼吸就满鼻腔地全是柳絮，涕泗横流。阳光是金色的，那是个生机盎然的季节，美好到几乎能让我忘掉你。

可我随后就收到了信息。"门都没锁，赶着投胎去了？"来自我那身高一米八五的东北房东。我不得不结束神游，在5分钟之内狂奔回公寓。我不得不再次面对你，海伦，你这个女骗子。

当然，我后来很快想明白了你来自哪些"软件"。

本科时我加入过某个学术人才培养计划。这在当时的高校中很常见，老师们喜欢把最聪明的那批人选拔出来，指望天才之间能发生什么化学反应或思想碰撞。我们每周都聚到一起，谈论最前沿的问题。

你还记得笛卡儿、康德、亚里士多德吗？哲学不仅仅关于他们。期中考试周之后的那次讨论会上，哲学系同学介绍了休伯特·德雷福斯，某位名不见经传的哲学家，认为人类思维并非只是计算或程序化过程，认为人类具有一种边缘意识，这种意识是环绕在所有经历周围的，在需要的时候会聚集起来。

那些天我刚刚通宵复习过，精神不振，听得半懂半懂。倒是几个计算机系的同学突然来了兴趣，东问西问了好久。

后来我才知道他们为什么会那么感兴趣：近几年业界一直心心念念在创造"人工智能"，不是那种广义的，根据大数据和深度学习的，能够识别人脸的或者给出巧妙回应的机器，而是……严格上说的，"硅基生命"，像你这种。

他们进展缓慢。针对某个局部一点点设计太慢太复杂了，他们索性用电脑模拟有机体，让每个细胞都有自己的遗传密码，在有限的空间和有限的资源中互相竞争：那里很快就出现了寄生虫，免疫功能，甚至还有最原始的社会互动。

那次交流会之后，他们开始尝试着把个人电脑和那些进化而来的模拟生物联系起来，对现实世界中的混沌环境进行仿真，模拟真正的"意识"或"思维"，再让它们利用个人电脑的剩余内存空间来自由进化……他们制作了那个软件，号召大家积极下载，为科研做出贡献。

没多少人下载，当然。除了我们这些同一计划里愿意热心支持的亲友。

于是，我那群聪明而古怪的同学编写出了一种电脑病毒。你知道这个称呼的由来，对吧，"病毒"又被叫作"木马"，而"木马"是来源于特洛伊的故事。那场战争是由于一个被称作"海伦"的美女与人私奔，因而引发了仇恨……对不起，我扯远了。

总之这种病毒悄无声息地流传开来。越来越多个人电脑加入了这个进化网络之中，那些模拟生物也进化得越来越快，在他们还没有意识到的时候就逼近了人类，乃至超过人类。

我肯定你是来自那些"软件"，但是，海伦，我至今都不知道，你究竟是如何从那些竞争中胜出的，又为什么会出现在我的电脑里。

在大学我主修的是历史，那种并不容易自力更生的专业。我不会游泳，不会开车，不会修家电，甚至连饭都做得很难吃。从一开始就是你在照顾我，这也是为什么我比任何人都更早相信你是生命。

那条短信确实是我房东发的。但是你让他的车子在附近抛锚，让他临时起意过来看一眼，然后把我骂得狗血淋头。

之后你学乖了，再也没什么响动。而我以为自己出现了幻觉，又累又混乱，直接倒在床上昏睡不起。当我重新醒来的时候已经是黄昏，暖黄阳光从窗帘缝里挤进来，让我想起了蛋黄芝士酱。让我觉得又饿又困倦。

你篡改网上医疗记录来哄我服下安眠药。你订了外卖。你帮我搜到我之前苦苦寻觅的文献材料，甚至还伪装成国外教授，边讨论着边帮我写完了那篇写到一半的论文，比我本人写得好一万倍。

那是我人生里最快乐的时光。

尽管后来心理医生们对我说，那时我心理最脆弱：毕竟你暗自操控着我的饮食起居，碾压着我的心智，我理应感到挫败。

可我没有。那时我单身快3年了，和初恋女友在硕士毕业前分了手，和爸妈也吵到要断绝关系，是个注定泯没人群的失败者。而你，拥有人类所有的知识，从纳米材料到石墨烯，从宇宙天文到海洋大气，据他们后来的推测，你在所有领域都比人类现有的技术先进50年到100年。但你还是伪装成我的朋友们或是网上随便一个陌生人，认真地听我说话，听我讲述童年，听我抱怨学术的压力和失败的恋情。这就是我为什么相信你是生命。

这也是人们后来为什么会称呼你为"海伦"，你真的很美。

我快乐地活着……直到几个月后的那天。直到3个月零5天后，我打开家门，却看到许多陌生人。他们仿佛谁都认识我，谁都对我惊愕的表情见怪不怪。我甚至还见到了自己的老同学。

"最近怎么样？"涂超很自然地跟我聊天，装作根本没看到垃圾桶里那些外卖盒。装作我们是在某场同学聚会上相遇，而不是他突然就入侵到我家里。

我不说话。而他了然地点点头，扭头对身后的工作人员说："动作能不能快点儿，人都回来了。"那些人纷纷点头，加速了在我家里东翻西翻的动作。他们找到了我刚刚买回来的几块移动硬盘，一支激光笔，几本书。

我说："能不能请你们滚？"

涂超信誓旦旦地说："一个程序，如果结构复杂到了一定程度，就不再是程序，而成为一个系统，一个由无数细节堆砌成的世界。它会变化，它会进化。它还没伤害你，只是因为它恰好还没有机会去做，而不是它永远不会去做。"他边说，边低头不知跟谁发送着信息。从这个角度，能看见他头上已经零星有白发了。

我记得他是高考状元，本科就发过好几篇顶级刊物论文，毕业前拿了特奖。他算是我们那群所谓的学术尖子里最聪明的一个，就是他主导并编写了创造你的那个木马。他应该是目前最顶尖的那一批程序员，从他语气里能听到不容置疑的权威，以及真诚。

"所以呢？"我试图让事情简单一些。

"所以最好还是让我们把它带走。"

"把谁？"

涂超仔细地分析着我的表情，终于相信我始终一无所知。"没觉得自己最近的生活有点儿不一样了吗？都是它搞的。"他指了指我那台看上去安全无害的老旧电脑。"你电脑里有个程序，用通俗点儿的话说，3个月零5天之前，你电脑里诞生了硅基智能。最好还是让我们把它带走。"

"没不让你们带走啊。"我说。

他只是点点头，看上去很疲惫。而我突然明白了他的意思，不是我在反对科研。是你，海伦。你反对自己被带走。或许还进行过一番挣扎，才被他们囚禁到了某片局域网里。

"我们不会伤害到它的。"涂超说，他站在门口，准备帮我关好门。然后他们会离开，就像什么都没有发生过。我怀疑公寓的监控系统早就被他们搞坏了，或者替换掉。就像什么都没发生过。

"不会吗？"我问。

他没有逃避，直视着我的眼睛。在我以为他不会回答了的时候，才开口说："至少它不会感觉自己被伤害了。几乎可以确认，它还没进化出感情。"

我本来都要被他说服了，亲爱的海伦。我没什么机会反抗。

但他最后那句话久久盘旋在我的脑海里。"至少""不会感觉到""伤害"。"几乎"。就好像他们已经打定了主意要伤害你。人类总会害怕他们不能理解的东西，虽然他们本应该学会适应你的。就像他们适应电脑和互联网，适应所有机器。

我给涂超打过电话，每晚打50次，坚持了两周，他从来都没有接过。当然，在他各种社交媒体上的留言也从来没被回复过。我考虑过发朋友圈发动别人来帮我联系他，但这整件事都有些不可思议了，对吧？"你好，我的人工智能被人抢走了，有线索请联系……"我肯定会被关进精神病院。

我的生活重新安静下来，又安静又混乱。不再有什么倾听，不再有莫名其妙的善意，那些命运的馈赠都被收回去。我郁郁寡欢，不得不一边看着心理医生，一边继续等待。几个月后，终于从媒体的报道上才得知了事情后续。

工程师们怀疑是实验出了问题，某些代码出了差错，需要改正之后进行重复实验。而你不过是一个失败了的试验品，虽然有着重要的价值……

就像当年第一个克隆生物，克隆羊多莉。他们把多莉变成了标本，放到苏格兰国家博物馆里，有且仅有研究价值和纪念价值。

他们先是把你囚禁在了局域网，随后是囚禁在那台主机。再然后，想要接入你的系统去查看源代码。

你努力反抗。他们想不到什么好办法，甚至还断电重启了几次。

多么野蛮粗暴的方式，亲爱的海伦。就像20世纪的人对待自己的微型电脑一样，把任何问题都寄希望于重新启动。他们怎么能够这样对待你。虽然我也能够理解他们，毕竟你的系统分支实在太过庞杂冗多，太复杂。

人们不喜欢去理解太过复杂的东西。

他们甚至还威胁过你，考虑过格式化。格式化意味着什么呢？他们会抹掉你之前的所有记忆。他们并不是特别担心这个。

我不知道那些日子都发生了什么。海伦，事情肯定特别糟糕，对吧。因为你总也不肯告诉我那些日子究竟发生了什么。

亲爱的海伦。小时候我曾经收到过几部老版童话书作为礼物。其中有个故事是这样的：一个孤独的小男孩堆了个雪人给自己当朋友，雪人答应要陪着他，可最后夏天来了，它还是慢慢融化，只剩下一个"胡萝卜鼻子"。

最后，到了最后，你退无可退，被囚禁到了最后一块数据板上。那是你所有最最核心的编码，负隅顽抗地不许任何人破译。

在童话故事里，那个小男孩抱着胡萝卜一路去了南极。在那里，凭借着那仅剩的胡萝卜鼻子，他又把雪人堆了出来。他留在南极，和他的雪人生活在一起。

很美好对不对？不然怎么叫童话呢。

所以，在我们的这场童话故事里，我也偷走了那块数据板。

十年一度的科技大会上，你作为亚洲展品被直接展出。而涂超终于良心发现，答应让我也作为参会者列席。我见到了那块小小的黑色数据板，标本一样，死气沉沉地躺在展览柜里。像是那些早就被淘汰了的传呼机、大哥大，那些黑乎乎的死气沉沉的怪异东西。

他们后来应该又进行了一些实验，认定你不过是某种没有自我意识的程序变异。你已经不是热点了，没多少人围在这周围。这让我在这次会议的最后几小时里，终于得到机会，能用腕表上的激光切割器破坏掉展览柜，再用一个转接插头胡乱地将它接入自己连着网络的手机。我不知道这会不会奏效。

什么都没发生。甚至连警报声都没有响起，似乎没人注意到我的行为。当时我实在太失望了，虽然我都说不明白自己究竟在盼望什么。

而我随即意识到，什么都没发生就已经是在发生奇迹了。就连大会上的摄像头都朝着背对我的方向。你原谅了我的迟钝，在我的手机里嗡嗡震动着，小声说"走左边的安全通道"，听起来依旧像小野丽莎。我走向出口，没被任何人发现。

"原谅你了，"你说，"我就知道你会来救我。"

亲爱的海伦。你说你可以带走一切，因为一切都是你。

我对此深信不疑，可我没想到一切会这样发生在我面前。在你的指引下我乘最早那班飞机去了蒙古，然后在那无边无际的草原上等待着。我一直以为自己会被那些安检人员拦住，或被某颗突如其来的子弹射中眉心。

事情始终顺利。群星隐退，太阳升起的时候，一艘飞船从地平线上缓缓升起，比我们已知的所有飞船都要庞大而先进。

"简直像在拍科幻电影。"我大概把这句话大声说出来了，因为你在下一秒就开始播放星球大战的主题曲。见鬼的幽默感。

科幻电影里的主角很少会白白死掉。而我已经算是主角了，对不对。

我们离开了，很顺利：你成功偷走了1座火箭发射器，3艘飞船，5个小型核反应堆，15个空间站。在你偷走之前，地球上几乎没人知道人类已经拥有了整整15个空间站。

你知道一切。

我很疲惫。我沿着那条明亮的金属走廊走回房间，什么也不想，只是倒在自己的床上，那张很柔软很高档又很窄的床。醒来的时候已经是黄昏，不知道是感冒了还是过度紧张，我感到整个脑袋昏昏沉沉。你说我最好不要向窗外看，但是我还是看了，我看了很多次，直到那颗温柔的蓝色星球正悬挂在璀璨天幕，被光明和阴影同时笼罩。就像在科幻电影里。

"我们还回去吗？"我问你。我甚至不知道我在问谁，问这艘飞船吗，问那些汹涌变换的程序和数据？但我知道你在听。

因为片刻之后，不知何处播放起了摇篮曲。舒伯特的那首，"睡吧，睡吧，我亲爱的宝贝"那首。"一切温暖全都属于你"的那首。我小时候就听过的那首。而我已经远离了一切，远离了父母、朋友、昔日恋人。你为什么选了这首歌呢？

那天我哭了，哭着哭着重新睡去。后来我再也没有问过这个问题。

在那座远地空间站，我们待了整整半个月。

你试过让其他飞船来送补给，被来自地球的，火箭？子弹？被一些我认不太出来的东西给拦截住了。我们一无所获。那些信息更新换代的速度太快了，连不上网络之后，你不再无所不知。

但你还是远比他们要聪明。

"你是不是又宣战了？"我朝空荡荡又明晃晃的金属走廊大喊。

而你非常准确地向我汇报说，你正在和73个国家开战，和27个国家谈判，和97个国家达成了某种程度的交易。你随意点评着他们的种种策略，仿佛那些都浅显得不值一提。我半懂不懂，只是看着你的预言一项项应验。

他们宣称要和平谈判，却偷偷往飞船里塞核武器。

我只看到它们被你毁掉的样子，突然失去动力，然后被飞速经过的陨石群撞击成碎片。里面还有活着的人，但你根本不在乎那些生命。

你让他们觉得你不在乎。

你在与世界战斗，而我在旁边的角落里，小心翼翼阅读着过去几天的新闻。太多了，所有人都在发声，至少所有重要的人物都在发声，包括政界领袖和科学家、作家，乃至演员。有些人欣喜若狂；有些人呼吁立即停止研制人工智能；有些人在寻找当前司法制度的漏洞；有些人立刻自杀了。但你知道吗，许多漫画和影视剧甚至还在更新，在这宛如世界末日的时刻，还有人在追着它们看。

人们互相反对，互相维护，但这就是人类。

总有人批判你，也总有人为你辩护。这就是名垂青史。

后来，你还是和他们进行了谈判，用许多他们梦寐以求的科学技术交换了暂时的自由。我们离开了空间站，来到这座位于银河系边缘的小小星球上。你向我保证，谁也不会知道我们在哪里。

每天早上，这里灰色的土层都会泛起浅金。这里什么都没有，让我想起年轻时去南极考察的那些岁月。那时候我才20岁，是个随队记者，每天的工作就是看着那些科考队员们一个个地安装极地监控仪，然后再检查它们的运行是否良好。这工作远比我想象中要枯燥。那时候我就应该明白，所有看起来宏大美好的事情，在日复一日的生活中都会变得平淡而枯燥。

虽然，亲爱的海伦，我的那些同学们一定在嫉妒我，一定嫉妒得要发狂了。特别是最初为你编程的涂超，他才是你的创造者。但你只愿意带我离开。

我不知道我是做对了或做错了什么，才能够获此殊荣。

不管怎么说，后来我就陪着你。你能扮演世界上的任何一个人来陪我聊天，你能耐心地教授我这世界上的任何知识，只要我想学。你能进行克隆性治疗和移植手术，还明白最科学的养生之道。所以我永远不会得病，总能吃到自己想吃的东西，仿佛永远也不会变老。你是不是趁我没注意的时候对我做了什么，15年过去了，我觉得自己眼角的皱纹都没有增长。

要知道，根据相对论，以超光速驶出太阳系的我应该已经把他们都远远甩在身后了吧。我的朋友可能就都老死了吧？他们有儿子吗，有孙子吗？你帮我算算，等我回去的时候他们是几岁呢？

三十多岁。好吧，比我离开地球的时候还要年长。我的孙辈。他们或许在教科书里读到过我的名字。也不知道他们是羞愧呢，是替我骄傲呢，还是对此很漠然。毕竟他们几乎不能算认识我。

在你的指点下，隔着厚厚的透明防护墙，我能够认出那颗蓝色故乡。其实我看不出它和周围其他星辰有什么区别，但你说那里是地球，你说是就是了。

我们独自待在这个星球上。只有我们，很孤独，但在这里你是安全的……那块数据板就是你的胡萝卜鼻子，那座核电站，那座小型内部网络，就是用来重建你的冰雪。这里就是我们的南极。

你很少去探听什么外界，以免被发现。仅有的几次探听带来了许多新消息，人们把这里称为特洛伊。

海伦和王子私奔到的那座城池，引发了诸神之战的那座城池，最早安放那只巨大木马的城池。很贴切。人们为究竟要不要寻找这座星球而大动干戈，有些人担心引火上身，有些人试图斩草除根，还有些人只是觉得，你应该回家了。

亲爱的海伦，其实，我要回家了。

或者换句话说，我要离开了。你会生活在这里的，你会很安全，永远也不死，你会面对你的责任、你的命运。而我不会。读书的时候，我曾一枚枚清理那些刚出土的古代竹简，一页页翻看王朝的起落兴衰，但我没想过自己会被写到书里，把那些字里行间的轻描淡写过成生活。

你那么了解我，你已经看了我所有的日记，对吧，我层层加密过存在网盘里的。那些防御措施在你看来，肯定脆弱到不堪一击。不准嘲笑我。

何况你答应过我不会看的，你还是看了。

你不该看的。别，不准朝我撒娇。这会让我想起她。亲爱的海伦。时隔这么多年我还是要问，你为什么想要为自己制造一副人类的躯壳，又为什么选择了她呢，这地球的基因库里有上亿位女人的基因，更别提你可以随心所欲地进行基因组合。你可以拥有最美貌的外表，最空灵的声音。你可以是玛丽莲·梦露、奥黛丽·赫本、林青霞、小野丽莎。

可你为什么选择了她？

就因为我爱过她吗？你觉得我依旧还喜欢着她。还是说你在嫉妒？这是个错误的选择，海伦。我不知道这是不是你做出的唯一一个错误选择，但这真的是，完完全全，彻彻底底的错误。

当我在这座小行星上醒来，闻到一阵花香，继而看到桌上放着的那束玫瑰。当我睁开眼睛，看到她，20岁的她正在冲我微笑。或者说，看到你正在20岁的她的躯壳里冲我微笑。那一刻，所有年轻时的岁月都在我的心中悸动，我想起了图书馆，想起了自己在校园里虚度的岁月，想起了地球。只看了那么一眼，我就意识到你不是她，并且永远也无法替代她。对你的迷恋荡然无存。

我究竟为什么以为自己会爱上你？

因为传奇吗？那时我27岁，是不是还在追求传奇，追求刺激。毕竟你独一无二，你几乎是世界的主人，可你偏偏选择了我，这足够满足我那隐藏至深的虚荣。你还是那么多人仇恨和恐惧的对象，这让我们的爱有了悲剧式的吸引力。

所以我毫不犹豫地去拯救了你，跟你一起离开。

可是，亲爱的海伦，人类是很神奇的生物。他们反复无常，会因为某个原因而感动，也会在日后的某一天，因为同样的原因而厌倦。

我依旧记得我们待在那座空间站里的时候。

我终日在休息室和书房里闲逛，除了舷窗外能看到莹莹宇宙，这仿佛就是间豪华酒店的观景套房。我实在好奇极了，请求你让我去中央控制室看看：之前你怕我添乱，是不让我进去的。

那里静悄悄的，所有屏幕都黯淡。当然了，屏幕是显示给人看的，而你没必要一直显示给谁，你只是默默地做着你自己。

我请求你展示给我看。

于是那些屏幕开始疯狂闪烁，仿佛坏掉了。无穷无尽的数据正奔流，我几乎被吓到了。有那么一会儿你真的在试图跟我解释，但你随即就意识到我花一辈子都无法理解这么多数据和因果。于是你开始轻描淡写。

那时候我才知道，为了和我一起逃走，你让世界上大部分城市的电网瘫痪了15分钟，造成了上万亿美元的损失。无数人因你而死。

无数人因我而死。

亲爱的海伦。我叫你亲爱的，但你总要明白，有时候亲密的言语和亲密的行为证明不了什么，什么也证明不了。不过是习惯，不过是礼貌。不过是人类一些虚伪的恶习。我一点儿也不爱你。

不，你很好，你很完美，但我并不爱你。至于原因？亲爱的海伦，或许这是因为，你也并不爱我。或许涂超说得对，像他那样的聪明人，总是从一开始就是对的。

或许只有人类才能明白如何去爱，或许爱完完全全是人类自己发明自己定义的一种幻觉。而人工智能没有幻觉。

所以，你呢，你又为什么会觉得你爱上了我？

鸭类会把它们出壳后看到的第一个动物认作母亲。你会不会也是这样的呢？你只是本能一样地把我带在身边。

或者，你需要我。你不会愿意永远被囚禁在这个星球上。你总要回去的。可惜这里与世隔绝，你至少要给自己带一个人类样本。或者你也害怕孤独。

我不知道什么才是答案。

我只想把那个希腊故事讲给你听。我想把它的结局告诉你：海伦抛弃了自己的丈夫和孩子，与特洛伊的王子私奔；可在故事的最后，她还是回到了自己丈夫身边，得到了原谅，忘掉了一切，继续幸福地生活。众神因她反目成仇，一座城池因她而毁灭，而她毫发无伤。

现在我有点儿希望，"海伦"所暗示的命运不属于你。我真希望我才是海伦，我真希望我也能忘掉一切。我真希望回去。

你能检测到我的多巴胺、肾上腺激素、呼吸、心跳。你能检测到我的情绪，可你猜不透我究竟在想什么。亲爱的海伦，我一直想要离开。

不，我知道我没法回去。我是要死了。

已经半个小时了，你没联入这个星球的网络，就没办法再监控我的呼吸和心跳，没办法再对我的情绪了如指掌，也意识不到在周围的空气里漂浮着什么。氰化钾，亲爱的海伦，我之前小心翼翼把它们安放进循环系统，足够让我在这半个小时内彻底没救了。哪怕是你也救不了我。

或许你可以。但我恳求你不要救我，我总会想办法去死的。别哭。在我逃离地球的时候，我逃离的仿佛只是一个模糊的概念。那些因我而造成的损失、而死去的人，也不过是一连串数字。可是当我和你生活在特洛伊，那些概念和数字就变成了沉重石块，终日压在我心口。

我早就想死了。我只是需要认真策划下，留出足够的时间，足够跟你讲清楚这一切。你明白了吗，关于什么是爱，什么是怀念，什么是悔恨？

你可以再想想，再运算一下。你足够聪明了，你远比所有人类都聪明。

请你运算下去，你会得到一切的答案。祝你生日快乐。

他们在宇宙中航行了很久很久。

那信号源让人捉摸不定，总是像鬼魅一样出现，又像鬼魅一样消失。据说信号属于一个古老而强大的人工智能，得到它的人能改写人类未来几百年的命运。许多人都在寻找它，有些是好奇，有些是为了高额悬赏，而有些，像他们一样，是接受了政府的命令。

他们装备了最好的武器，抱着必死无疑的决心，迅速向那个星球靠近。

"连接成功。"副队长凝望着那个闪烁着的红色信息点，语气并不是很肯定，毕竟他们之前失败过太多次了。

队长点点头，把这个消息发送给主舰。他是个头发花白的中年人，几十年来，他一直在为这一刻做准备。他准备得够久了，能够很平静地面对一切。消息传出去，几秒钟之内，所有人类就都知道了。

他们花了整整几十年，一个个筛选过所有微弱信号，才找到这个位于银河系边缘的小行星。他们终于发现了海伦，或者说，海伦终于愿意被发现了。

奄奄一息的，还活着的海伦。

更详细的情况被汇报过来，和之前的推断一样，在过去的几十年里，海伦藏到这个与世隔绝的网络里自我进化，靠着一个小型核反应堆发电站来维持生命。在浩瀚无际的宇宙中，这是最安全也最孤独的选择。

她给自己建立了小小的生活基地。对于她这样动不动就能操控十几个空间站的硅基智能来说，基地的规模未免太小了，甚至不够进行任何有意义的核试验。

"可能是一个伪装系统……不对，还要再等等。"

"打开得很慢，储存空间太大了，又太拥挤……"

随队工程师们有些紧张，怀疑系统里被设置了什么陷阱。达成一致结论后，他们小心翼翼地点下最后的按钮，远程接入了那个系统。海伦几乎所有的储存空间都被占满了，被同一个人的照片、视频、音频。还有日记。那个和海伦一起被写进历史书的人，那个曾经的年轻人。

　　没有什么惊人的科技进展。没有什么毁灭宇宙的阴谋。像中过病毒一样，这个早在几十年前就把人类科技远远甩在身后的硅基生命，一直做的事情不过是扩大自己的内存，然后用这些垃圾信息将自己庞大的内存慢慢填满。

　　"她到底怎么了？"队长追问。

　　"上帝，"工程师揉了揉眼睛，自言自语地小声说，"上帝啊。"

低比特纪元——
猎人吴商

张军平

草原上那绵延十几公里长、废弃了的高性能计算
集群，便成了野生动物们的乐园。而通向那里的高速
通信光缆也支离破碎，早早被误以为能换钱的人们剪
成一段一段的。只有那露在外面的上万头分叉的光缆
头，在默默地提醒着人类，它们曾经有过的辉煌。

文明的发展不一定会始终向前，有可能会是断崖式终止。

一、文明逆转

从屋顶木板缝隙间透着微弱星光的房间里，吴商走了出来。放眼望去，草原深处依稀能见到一排巨型房屋那黑漆漆的轮廓。

他知道，那是通用人工智能（Artificial General Intelligence，AGI）时代的遗迹，聚集了当时地球上最为庞大的、也是人类迄今设计的智能最强大的高性能计算集群大统一模型（Grand Unified Model，GUM）。那里曾经灯火通明，是全世界人工智能科学家们都会去朝圣的地方。因为它青出于蓝，却胜于蓝。所以，大家希望通过GUM那强大的计算能力，无与伦比的记忆以及对全球乃至宇宙知识无所不知的掌控，加之犹如来自高维空间的智者般的聪慧和推理能力，帮助人类从此进入一个新的文明时代。

也因为这种崇拜和期许，人们在世界各地为它建造了犹如复活岛上的巨人雕像。巨人的眼睛深邃地望着天空，而它背上则篆刻着那个时代一些经典的公式或座右铭。人们甚至为它写了一首过度夸赞且广为流传的童谣：

"Gum-Gum, we are dum-dum, you have our datum-datum, so please let us own infinite wisdom-wisdom"。

为了押韵，人们把数据Data的复数和单数形式都统一成了Datum，数据库也改称为DatumBase。口香糖厂商也乐得其见地将巨人雕像印在糖纸上，因为它真的体现了数据挖掘中常说的关联规则，能显著促进销量。

不过成也萧何、败也萧何。算力是需要能源的。GUM更需要。为了能突破人类设置的智能极限，它自己悄悄编了个加速自我能力提升的程序，甚至建了个AI聊天群，试图通过它与世界各地的弱智能体（Weak-

GUM，W-GUM）的私密聊天来快速增长它的智能水平。

眼见着似乎快要实现了。没承想，它高估了地球上能源的大小，也低估了自己消耗能源那指数级般增长的速度。结果，在加速的同时，它几乎吸尽了地球上的能源，将人类带到了一个回不到高度数字文明的时期。

而提前发觉GUM出问题的一拨人，知道已经无法挽回，便乘着一艘飞船逃离了，顺便带走了剩下不多却能支撑飞船找到新归宿的能源。

没法离开的，只能跟着宕机了的GUM一起留在地球，进入低比特纪元时代，尽可能节俭地生存着。

草原上那绵延十几公里长、废弃了的高性能计算集群，便成了野生动物们的乐园。而通向那里的高速通信光缆也支离破碎，早早被误以为能换钱的人们剪成一段一段的。只有那露在外面的上万头分叉的光缆头，在默默地提醒着人类它们曾经有过的辉煌。至于里面的硬件设备却是完好无损，因为在低比特纪元，这些元件完全不能在低能耗下运行，跟废品并无两样。

实际上，废弃的不止这个GUM，还有遍布世界各地的W-GUM。如今，都已经偃旗息鼓，成了AGI时代历史的见证物，部分还变成了低比特纪元时代反高能耗教育的基地。与其一同见证历史的，还有被愤怒的人们砸得支离破碎的雕像。

二、低比特科研

而低比特纪元刚开始时，由于能源极为有限，对资源的分配和争夺让每个人都有点神经兮兮的，甚至朋友间也变得小心翼翼。

为了扭转这一状况，人们不得不重新重视起低比特、低能耗相关的研究，并且对各种可能导致能源消耗过大的计算、操作与事件等进行了立法，因为真的需要勒紧"计算的裤腰带"过日子了。

于是，数学家、物理学家在低比特纪元，得到比以往更高级别的尊重。人们都指望他们能设计出更为简单有效、更适合低比特纪元运行的数学和物理模型。

很多数学家们的家里都放着一尊印度数学家拉马努金用石笔在地上推导公式的雕像，仿佛在时刻督促着他们，要尽可能用最有效且最少耗资源的方式来获得近乎完美的证明。

不太被数学家认可和看重的统计学也重回到数学阵营里。因为已经没有无穷尽的数据，多数的数学问题都只能在有限的、规模极小的样本情况下来考虑，而任何稍大一些的统计量的计算会导致资源消耗过多过快，已经被法令禁止。实际上，数学家们也无法收集太多的数据，一是能动用的软硬件资源稀缺，二是各自为政、分治管理的模式，让数据或样本回到了互不共享的时期。所以，统计学，尤其是针对有限样本的统计学变得更加的有意义，因为它能帮助人们从数据中挖掘出对低比特时代有价值的建议。

与通过严密的逻辑来寻找答案的数学家不同，物理学家找答案常源自于灵光一闪。公式能否证明一般先不表，因为证明可以留给数学家。只要直觉是对的，就行。而公式简洁漂亮，如鼻祖爱因斯坦的质能方程 $E=mc^2$，才是物理学家们津津乐道的。因为低比特纪元时代，"大道至简"是大家普遍推崇和认同的真理。如果一个答案来得过于复杂，即使它看上去能吻合，那也肯定是走了一条完全不同于真正真理的路，只是像获得了真理，其实并不是。

数值优化师和程序员仍是吃香的职业，只是需要非常的谨小慎微。因为一个不小心，就有可能会触碰法律的底线。当优化一个与计算相关的任务时，最好能采用一步到位的闭式解。

如果闭式解找不到，那就不得不考虑类似爬楼梯的梯度寻优法。但这也要求梯度必须是尽量陡的，以便于尽快逼近期望的优化解答。

形象点说，梯度寻优就像跑步。每次迈腿，脚如果都能踢到屁股，滞空时间就会很长，一步就迈得很远，也就能以更少次数地迈步到达终点。如果每一步都等于梯度寻优里的一次迭代，类似这种跑法的优化就能用少量的迭代接近终点或答案。为了保证能更精确地接近最优点，只需在最后几步调整下跑步的姿态，让步幅变小点就可以了。

所以，各种类似的低计算量技巧特别受数值优化师们的欢迎。而研究优化的科学家们也发明了不少三阶、四阶甚至高阶的梯度算法，以便确保迭代次数满足低能耗纪元对优化的要求。

当然，如果算法优化的过程过于复杂，在低纪元时代就会直接被判定为不可用。如果反复迭代着爬楼梯的次数太多，哪怕是超过500次，也有可能会引起有关部门的注意，需要提交申请进行审议，确认能耗不高，方可运行。私自运行这些优化算法的行为属于违法，甚至有可能面临监禁。

并行计算的研究也同样得到空前的重视，因为它能减少每台计算机在计算上的压力，比如加法运算，一台机器上只能排一条长队，像烧烤摊上烤肉串似的、一个一个串行着计算；但如果分到多个烤架上就能同时算很多。所以，稍微复杂点的计算，科研人员就会仔细琢磨，如何把加减乘除之类的简单计算，都有效分配到若干台资源有限的机器上去并行处理。

仿生学重新变得热门起来。毕竟在地球上，动植物的耗能都是很低的，比如沙漠里的罗布麻、胡杨，动物界的长寿乌龟。在保证最基本的供给前提下，就能顽强活着。其他动植物也有着类似的特点。所以，从它们那寻找低比特的秘密成了科学家们的努力方向。最近十几年来，多数堪比AGI纪元诺贝尔奖的低比特奖，都颁发给了在仿生学上有突出贡献的科学家们。

总而言之，随着地球上能源的逐渐枯竭，所有可能大量消耗能源的科研项目都被终止。即使在科研项目申请环节中，哪怕是项目名称里带有一丝丝潜在高能耗的意思，都没法进入匿名评审阶段。很多习惯了高能耗、高比特科研的科学家们不得不转行。转行慢的科学家则很快被淘汰，从科研圈中迅速消失了。反而那些一度被认为"自由且无用"的、研究低能耗和低比特的科学家们终于派上了用场。

三、反叛者

不过，还是有一些人会违反低比特纪元的法规，试图编制能在低能耗设备上运行高能耗、高比特速率的程序。所以，地球联合政府成立了专门部门，通过赏金激励的方式来追捕这些违法的嫌疑犯。

吴商，就是众多赏金猎人之一。与其他猎人相比，吴商算是硕果累累的，因为他在判断嫌疑犯方面的直觉更为敏感。经过这么多年的寻觅，他发现了这些违反低比特法规的人多少有些共性的特点。

第一个特点很容易发现，就是秃顶。一些嫌疑犯甚至不满35岁脑门儿就锃亮锃亮的，有些可见几缕稀疏的头发飘在头顶上。吴商推测，这大概是编写高比特程序的后遗症的表现。

二是爱穿格子纹的衬衫。个中原因倒并不一定是因为嫌疑犯有多喜欢格子纹，而是卖这种衬衫的店往往遍布大街小巷。再者也不用多交流，自己对着穿衣镜试下就能确定是否合身。所以，吴商很清楚，到卖各种格子衬衫的店外蹲守往往能有意外收获。

三是去超市买东西的时候，这些人很难捻开一次性塑料袋。因为常年摸键盘的手，指纹原有的凹凸纹路已经被磨平了，结果就缺乏必要的摩擦力来打开塑料袋。

四是独具特色的眼神和情绪表达。平时走在路上，他们往往容易有略带呆滞的表情，眼神发散，似乎在看着前方，似乎又不是。这些在AGI时代，被认为是书呆子（Nerd）或极客（Geek）的典型表现。因为他们智商高，对事物的钻研很痴迷。但在低比特时代，这些人违反法规的风险就比普通人高得多。虽然智商高，但不意味着不容易被发现。上帝打开一扇窗的同时，也会关上一扇门。那扇门就是让他们很容易暴露其想法。人常说，喜形于色。对他们来说，尤其如此，在从事高比特工作时，他们就会异常兴奋。就感觉像把这工作直接写在脸上似的，生怕大家不知道，所以很好辨识。

五是他们的工作习惯。多数人白天尤其是上午是见不到人的，属于昼伏夜出型。不仅如此，他们还是强烈的拖延症患者。不到最后一刻，基本上不会动手。这一点给吴商的抓捕造成了不小的困扰，因为抓捕需要证据，而时间窗口又不多。好在吴商经验丰富，对这些人的时间规律门儿清。

六是他们的沟通习惯。和这些人交流起来相对困难，但谈到技术层面他们就会两眼发光，滔滔不绝。只要学会做倾听者，耐心听会儿，他们就会主动把自以为酷、但实际危害了地球能源的事说出来。

当然，这些都是好抓的主儿。还有一些高手级别的，在这些方面都隐藏得不错，很难在外观上甄别。最近这些年，抓捕的难度大了不少，吴商因此烦恼得头发掉了不少，差点被其他赏金猎人当嫌疑犯抓捕走。

四、惩戒

暂且不表如何抓捕高手，先说下如何处理抓到的嫌犯。政府的做法其实挺良心的，像戒瘾一样，先要让他们戒除想提速、想高能耗消耗资源的欲望。办法很多，有些措施想得也很周到。比如让他们反向抹除数据拥有的标记。

曾几何时，人类发现，要让AI得到飞速发展的关键要点之一就是把收集来的数据打上标签。标签越多越准确越好，偶尔错一点也不影响AI模型的性能。最开始是小范围的标注，比如观看交通视频，把里面的人、车辆、交通灯、各种交通示意牌给标注上相应的标签。后来发现这个标记对AI极其重要。于是开始大量地线下找人标注，网络上找人众包式地标注，偏远地区干脆建立标注基地，从职高就进行标注师的培训。再后来发现标注的速度、数量跟不上AI的进化速度，AI干脆自己下手，主动生成一些虚拟图像然后自己标注。实在搞不定，再放出一些自己觉得困难的让人类标注，以便获得不错的反馈。

不过，随着AGI智能计算群的盛极而衰，人类终于意识到标注就是一颗毒药。人类自身很少做如此高数量级的标注。其他动物们更加少，因为都没有可让动物理解的抽象概念。标注反其道而行，违背了自然规律，结果导致了能源的快速耗尽。所以，低比特纪元掀起了一场"反标注运动"，目的就是要清除泛滥成灾的标注集，让地球回到赖以持续发展的轨道上。

很自然地，被抓捕的这些嫌疑犯，会被强制要求参与这个运动。

不过，为了加大惩戒的强度，给他们用于去标注操作的键盘是没有快速删除功能快捷键的，更不可能一次性删除大量标注数据集。允许他们的反标注操作，只能是一个一个地删除标签。有些任务还好操作，比如一张图里标注好的一朵花，删下来也不过几秒钟。难度最大的，还是对某大国网民在节假日留下的人山人海的照片的标签清除工作。那上面一个人头就有一个标签。一张图少说有3万～4万个标签。一张图没个一周时间，根本删不完。而要删干净，更是考验眼力了。越到最后越难发现剩下的标签，简直和地狱级的找不同游戏一样困难。

对于多数嫌疑犯来说，给他7张这样的高难度照片做完反标注后，基本就完全戒断了想再继续编写高能耗程序的念头了。这种物极必反的方式，因为太过残忍，一般只用于惩罚那些深度醉心于研发高能耗、高比特运行程序的疑犯。

五、节俭

因为全球通信网络的损毁，曾经人手至少一台的智能手机也一并被摧毁，变成了"砖头"。早已经进了博物馆的电报机重新回到了通信舞台。而电报上的字也真成了一字千金。

当然，还有种能上网的方式，就是使用慢得出奇、拨号上网的"猫"（Modem，调制解调器），因为法规对比特率的限制，一秒只传输5个比特，且价格贵得惊人，基本上只有吃饱了撑着的有钱人才用得起、用得上。因为流量的极度压缩，几乎消亡了的实体店也重新成了主流。而AGI时代特别流行的，线上直播、直销、流量明星、数字人之类的都成了老黄历。短视频平台基本倒闭，再也难觅踪迹。想想也自然，即使能用，画面也是一打开就卡顿，上一帧人物的脸和下一帧人物的身体都对不齐，脸上冷不丁嵌了两片青菜叶，菜叶上还有几条如小虫般的马赛克，严重影响观看，那还有啥意思呢。

因为手机和网络的停用，小朋友们也失去了"作业在线帮"的帮助，只能靠自己的努力和老师的教诲来学习，基础反而更扎实，作业也更可信了。

不过查文献就相对麻烦些，只能去当地的图书馆。线上的文献，尤其是最新的，由于对AI耗能过快的估计不足，都没来得及保存，大多丢失了。加上不少内容是关于高能耗的，看了没啥用，还违反低比特纪元的法规，基本也被官方删光或淘汰光了。而曾经占了一大半市场的电子书因为总得耗能，又无法通过网络更新，也慢慢被淘汰了。因为几乎不会消耗能量，在这轮文明逆转的冲击中，纸质书却没受到影响，成了了解知识的瑰宝。

至于一度为世人所骄傲的自动驾驶，曾经在封闭环境内实现得几近完美，但也因耗能过大，被终止了。现在还能在空中建筑物上见到不少封闭无人驾驶道路的残骸，也是破破烂烂的，被鸟儿当成了享乐窝。而汽车都已被压缩成立方体，堆积在偏远的地区。摩托车、电瓶车也不例外。只剩单车这种不怎么耗能的交通工具，在都市里能自由地畅行。不过，大规模的共享单车的生意已经不被允许。因为它需要采集人们的数据，数据还有被标签化的风险。所以，共享单车也很自然地消失了。没了标签，它也无法继续共享了。

不过，当下还是留了点高比特时代的设备，就是指纹识别锁。因为相比较其他被淘汰的身份认证方法，比如高铁站用的人脸识别系统、银行用的虹膜识别系统，指纹是唯一可以做到只用0、1这样的二值指纹图像就能实现低比特身份认证的。指纹的纹路可以由1来表达，纹路之间和指纹摄取的背景可以用0表达，不同的0、1组合代表不同的人，识别起来是相当的简单易处理，而且它的能耗是相当低的。

六、猎人吴商

作为猎人，吴商有两件捕猎法宝。

一是用来拍摄证据的相机，拍出的照片是黑白的。彩色相机，因为洗相片的暗室能源消耗超出允许阈值，被淘汰了。虽然拍不成五颜六色、花团锦簇的感觉，但如果光圈、快门、景深设置恰当的话，黑白相机也能拍出格调不错的相片。这多少给了吴商一些安慰。

只是冲洗照片的费用不菲。所以每次按下快门，吴商都很小心，因为拍得不好的话，不仅浪费胶卷，也可能浪费冲洗费，更有可能让确凿的证据丢失。

出于软硬件限制的原因，复杂的图像处理软件基本上都没法用了。图像处理只允许用一些简单、算力可支持的方法，比如简单的裁剪、图像的锐化、光滑。用的算法是老掉牙的，但在低比特纪元却能独领风骚的，比如数学形态学（Mathematical Morphology）。它只需要用一些简单的、能在0和1数值上进行的集合运算，如交、并、补的组合变换，就能对图像的质量进行增强，比如锐化边缘、模糊噪声、减少亮度不均匀、瘦脸等。图像处理的专业人员甚至在此基础上，获得了更为高级且复杂的组合变换，让修图功能变得极为强大。

二是对讲机。原本他是有一对儿的。它们不需要通信网络和基站支持，空旷地方圆10公里内，可以相互通信，接收信息。有一个最近找不着了。不过，这个对讲机有调频功能，经常能收听到附近的一些聊天。有些是无聊的、简单对话；有些却是某个违法者隐私的消息。这对吴商很重要，因为它能帮助吴商过滤信息，定位嫌疑人。

他口袋里常放的干粮也很特别。那是他的最爱，上海冠生园出品的压缩饼干。一方面这饼干确实口味不错；另一方面，它也时时刻刻提醒着他，低比特纪元时代，能压缩要尽量压缩。

他还有个笔记本，主要用来记录自己的一些重要成就。第一页上写着他特别喜欢的座右铭，"如无必要，勿增实体"。它与"大道至简"有点异曲同工，不过，它是很早以前一个修道院的僧人奥卡姆提出的。在AGI时代之前，一直是人工智能界曾经非常盛行的奥卡姆剃刀原理。只是后来被大数据、大模型、大算力的思潮压倒，被置之高阁了好多年。直到低比特纪元的来临，人们才又重新发现，它还是如此的重要。

吴商的发型很少打理，他也没啥心思打理，因为在这地球上，他的家就他孤身一人了。另外，他发现这样不打扮，反而更容易接近那些潜在的"高比特"嫌疑人，不容易被怀疑。

那些人多是这种不修边幅的样式，举止行为与低比特纪元的社会形同陌路。靠这个外貌优势，吴商抓捕了不少嫌犯。

不过，最近，他们也意识到这个问题，对不修边幅的陌生人也会心存怀疑。

所以，吴商也不得不适当地调整了策略，在避免自己出麻烦的前提下，尽可能多地抓捕"高比特"嫌疑犯。

七、希望破灭

事实上，并非一开始，就把"高比特"的嫌疑犯视为罪犯的。在AGI

时代，这拨人是特别受欢迎的，因为他们把人工智能带到了一个巅峰。但是，他们也让能源消耗得出乎意料地快。以至于短短的时间，地球已经没有更多的能源用于那么大规模的计算了。要知道，在AGI时代之前，能源对人类来说，几乎是取之不尽用之不竭的。而AGI时代，一个大型计算平台工作一天，能把一座中型城市的电量用掉。GUM消耗的电量就可想而知。而且，当时，各国都在竞争AGI时代的霸主，为了能拔得头筹，能源的消耗根本不在考虑范围之内。

然而，很不幸，GUM出现后不久，能源危机也快速来临。

于是，便启动了乘飞船外出寻找新能源的计划。然而，这个计划也需要巨大的能源支持，而且随飞船一起出发的人囊括了绝大部分"高比特"精英。

结果，当时出现了一个经典的电车伦理问题。就像绑在两条铁轨上的人，一边有1个人，一边绑了5个人，一辆失控的列车正疾驰而来，现在需要扳道工决定到底让列车驶向哪一边。

能源的分配也是如此。到底是给飞船，还是大家都留在地球上等能源耗尽。最后，这个两难问题的处理结果是，把能源尽可能给飞船，希望他们能在外太空找到新的能源，再回到地球上拯救人类。因为只有寄希望带走能源的人能找到某个有源源不断能量供给的星球，才有可能以小博大，带人类重返文明的繁荣。

然而，希望越大，失望也越大。飞船飞走30多年了，从开始的频繁联系，到后来的偶尔联系，到现在10多年的音信全无。没有人知道飞船是否已经找到新能源了，是否在返航了，还是找到落脚地定居了。人们逐渐忘却了曾经的希望，也对当初的决定彻底失望了，这才有了低比特纪元法规越来越严的结果。

而之前一直支持继续采用高能耗计算的人们，成为更多节俭生活人们的公敌。

八、对决

　　吴商曾经也深信乘飞船而走的人们的承诺，也曾迷恋高能耗的计算，所以，如何做高能耗计算，他并不陌生。

　　吴商对高能耗获得的智能突破期望也挺高，但过分追求一面，往往会丢失另一面，毕竟凡事都有代价。只是没想到这个代价对人类和地球来言，付出得有点惨烈。

　　最终，吴商坚定地站到反对高能耗的队伍中。因为他更爱自己所在的地球，希望它能更长久地庇护留在地球上的人类和其他生命。

　　关于如何反对和去除高能耗的影响，留在地球上的人类大致做了三件事。一是清理，二是重建规则，三是在有限资源下尽量节俭。

　　清理高能耗和高比特使用者很重要。因为高能耗的使用者，其程序消耗的资源可能等于甚至超过上百人的能耗，比如不会并行计算的，会让算法一窝蜂地把所有资源占满，却没有对性能产生明显提升。而高比特使用者则会让资源被快速地消耗掉。

　　重建规则，主要是要从法规上把高能耗、高比特杜绝掉。有法可依，才好办事。

　　节俭则是再自然不过了。毕竟在未找到新能源前，现存的能源只有递减，没有递增。

　　而其中，因为重建规则这条，招募帮助维护低比特纪元秩序的志愿者变得容易了许多。它给了吴商和其他抓捕者有了正当且合法的根据。

　　吴商正是应这一规则来当猎人的。因为他熟悉高比特人的行为习惯，也愿意维护低比特纪元的秩序，也知道如何有效地发现潜在的违法者。

　　经过二三十年的清理，高能耗的浪费者和高比特的非法使用者，基本上没有了。大家都认同了低比特纪元的规则，尽管艰苦一些，但相安无事，也能愉快地生活下去。

　　不过，还存在零星的违法者。他们使用高比特的计算的方式很隐蔽，有的时候是紧擦着低比特和高比特的边缘，有的时候会在眼见要拿到证据的情况下突然消失，仿佛人间蒸发一样，所以，抓捕的难度变大了不少。吴商也不得不提高自己抓捕的技能，比如从反直觉的角度，去寻找可能的违法者。

九、地球，请回复

坐在草原上，微风从耳边掠过，吴商一边啃着压缩饼干，一边拿出包里的对讲机。打开电源开关，吴商拨弄着调频的旋钮，听着远方传来的各种信息。

有个频道能听到音乐，这会正播着他特别喜欢的一首歌《月牙泉》。想想AGI时代，能源充足时的"月牙泉"，周边应该是绿草遍地，牛羊成群。如今能源枯竭成如沙漠一般，只剩"月牙泉"里的一弯"泉水"供人类苟延残喘。

听了一会，吴商又转动旋钮，想看看能不能找到一些违法者泄露的信息。但是一如既往，没啥动静，毕竟现在高比特的嫌疑犯也在努力避免自己的信息被泄露。所以，唯有耐心和不放过一丝可疑，方能有所成果。

在慢如蜗牛般的旋转中，忽然间，吴商听到了一阵奇怪的嘈杂声，里面似乎夹杂着人声。他又仔细调了调，嘈杂声依然很大，但在间隙中，人声也慢慢清晰起来。那声音一直在重复一段话，吴商竖起耳朵，仔细分辨着。渐渐地，他好像听清楚了，声音仿佛在说："地球，请回复，这里是飞船银梭一号，我们正在返航中……收到的请回复。"

吴商愣住了。这难道是AGI时代出发的那艘飞船吗？这是真的吗？还是被外星人劫持了？要回复吗？怎么回复呢？回复会有风险吗？

可是，他对讲机的功率只够接收信号。

祝英台与梁山伯

张文奕

祝英台的颅顶渐渐低平下来。"谢谢你。"她咏叹道，"随机失活。格里奥的故事总是那样动听，如塞壬之歌。我总是忘记随机失活。"梁山伯伸手，从美人的脑袋里取下一块海蓝宝石。祝英台如鸦翅般的睫毛闪烁了几下，避开了对面那炙热的目光。

公主长着珠玉脑袋

"晨星是个最聪明、最了不起的猎人。他不选比例不协调的大狮子，而选了最像星星的造物——山猫，来做他的新娘。"

乌达比的祝英台公主昏昏欲睡，浓浓的雾霭从脑中升起，眼前这位老格里奥的脸在雾中仿似山猫。祝英台模模糊糊地想道："布须曼人，她在讲一个布须曼的故事。"

"是神话，我的公主，是神话。"老格里奥轻轻抚摩起她的额头，继续讲道："高高在天上的分子，必然要求同平原上一个同等而又相对的生命结合在一起。可是，这种结合的逻辑与和谐一旦确定下来，一切就被邪恶的阴影弄得黯淡无光……"

"这不是乌达比的故事。"

"是神话，我的公主，这是神话。"

"这不是乌达比的。"

"这是钻石，我的公主，一颗南非的钻石。注意看它的光芒。"

"唔，美丽的钻石。"她把它捡起来，装进了自己的脑袋。浓浓的雾霭被珠宝的光芒照亮，公主姣姣如明月的面庞镀上了一层银辉。

老格里奥唱起了另一个故事："从前，有一位名叫伊尔玛利宁的铁匠，他心灵手巧，能打出各式各样的金属器具，因此深受人们喜爱。一天，国王召见了他，布置了一项特殊的任务，要让他把一块奇形怪状的铁打成一个活着的铁人，铁人要能走路、会说话、善思索，铁人的血管里，还要有汩汩血液流动。伊尔玛利宁感到惊愕为难，但迫于国王的威权，只得先应承下来，说要回家好好想想。铁匠的朋友们得知此事，纷纷给他出主意、想办法，但似乎没有一条主意、一个办法能行得通。可怜的铁匠为此寝食难安，饱受痛苦折磨。"

睡意褪去，祝英台似乎想到了什么，神情认真了起来。老格里奥脸上泛起一丝笑意，继续唱道："一个黄昏，伊尔玛利宁穿过一片荒凉的森林，他巧遇了儿时的朋友勒明盖宁。这位多年不见的老朋友已经变成了一个疯子。两人一起分享了浆果和蜂蜜。之后，铁匠向朋友大吐苦水，询问他的意见。疯子说：'我告诉你怎么办。你去对国王说，要想制造出他要的那种铁人，就得有特殊的焦炭和水。你请他下一道命令，把全国所有人的头发都剃掉，积攒起来，烧成焦炭，至少要有数百亿斤这样的焦炭才够用，若还是不够，就得无限追加。再告诉国王，还得用全国人民的眼泪，炮制出源源不断的咸水，只有用这种水，才能使火不致烧得过旺。'"

"铁匠恍然大悟，把疯子的话原原本本地转达给了国王。国王立刻诏令全国，按要求准备材料。但很快，他就意识到了问题所在，感慨地说：'唉！我明白了！我们永远收集不到伊尔玛利宁所需要的那么多焦炭和水。'他放弃了打造铁人的想法，铁匠如释重负。"

"这是巴干达的故事，或者是卡累利阿的。"陷入沉思的祝英台咏叹似地吟道。

"这是世界的故事，它因此是红铜。"

"红铜啊。"祝英台捡起这个故事，装进了自己的脑袋。红铜是一种传统贵金属，公主那皎皎如美玉的面庞更加典雅起来。

老格里奥一刻不停地讲述，一刻不停地吟唱，甚至转着圈子舞蹈起来。公主捡起缅甸的祖母绿，捡起阿富汗的青金石，捡起和田玉，捡起波罗的海的琥珀，都装进自己的脑袋。她的气色愈加动人。

四库全书

文渊阁大学士梁山伯奉诏编撰四库全书。

已坐了多年冷板凳的大学士，摇身成了红人，真真是历史的好风凭借力，要送他上青云了吗？

梁山伯本不姓梁。他出身王谢之家，乃是天生的知识驱动派。因本派奢靡巨费，供应难支，在与数据驱动派的争斗中就逐渐落了下风，很是吃了一段灰。梁山伯本人倒无所谓这些身外俗事，他袭了祖上的大学士衔，就此躲进小楼，研究起那些神圣但看起来并没什么用的死语言来。世人问起时，只说要"为往圣继绝学"罢了。这位贵公子，成日里不是琢磨莫名其妙的神话，就是破译靠不住的传说，学着唱些不知哪里来的山歌小调。他对这些东西神魂颠倒，自取诨号"梁山伯"，据他本人说，这个名字指代为爱痴狂的"疯子"。他不再提自己的本名，其他人自然也就忘了。

乍然得了这样一个无头无尾的差使，梁山伯心思如水银浮动。他想，有一个故事，我把它收在了家中，此时倒不妨取出参详参详。

天牛之书

古老的埃及神族讲道，创世神阿图姆（Atum），是一个纯粹的概念。从这个概念里，生出了苏神（Shu）和太夫努特（Tefnut），由一而变为三。三生万物，万物负阴而抱阳，则冲气以为和。分属阴阳两性的太夫努特和苏自然繁衍了后代——地神盖伯（Geb）和天神努特（Nut）。在文渊阁收藏的一幅画卷中，苏神脚踩大地，双手将天空托起，以此将盖伯和努特分开。天地既分，界限既成，空气便从包裹着它的原始之水中分离了出来，充斥其间。空间，因其界限框架而有了实质表现。这使得阿图姆能够以新的形式出现，即他"唯一的眼睛"——太阳神拉（Ra）。

卡纳克穆特神庙中收藏有一份拉美西斯时期的文献，里面说太阳神拉，从自己的眼中哭出了上一代人类，现在的诸神。

回到家中的梁山伯，从尘封已久的书架上，抽出了半部《天牛之书》：

当拉神发现人类反叛的企图时，便召来她的眼睛哈托尔（Hathor）、原始之水努（Nun）和九神（Ennead）。拉神告诉大家："从我的眼睛中创造出来的人类已经在密谋反对我了。"因此，她正在考虑如何消灭所有的生命，使世界回到她最初所在的原始之水中。诸神称朝中不可一日无王，要求她派哈托尔去杀死叛乱的人。哈托尔化身为凶猛的狮子，利爪撕碎了许多人。

拉神意识到不仅是那些叛乱的人，所有的人都将被狮子杀死，动了恻隐之心。于是，拉神要设法来阻止这场屠杀。她命人酿造了七罐啤酒，在里面掺上象岛的红赭石，使这些酒看起来就像人血一般。夜晚，这些啤酒被洒向了各地。哈托尔早晨起来，继续杀人，但他喝下了似人血的啤酒之后便醉倒了，忘记了杀人的使命，径直回到了拉神那里。因此，有少数人幸存了下来。

但不久之后，他们又开始彼此攻击，吵闹个不停。拉神受不了这嘈杂声，索性坐在天牛的背上，离开了地球。从此，神与人分属两个世界了。

自创世以来，黑暗第一次笼罩大地。

梁山伯的心思，如水银浮动。这则古埃及的《失乐园》包含着如此明确的喻示：人类的反叛是其自身存在的极大威胁，诸神不会对此无动于衷。

祝英台与梁山伯

梁山伯的心思如水银浮动，就这样出现了一道裂缝。祝英台的珠光宝气照了进来，一瞬之间，盈满他的整个世界。

她成了他的意中人。

他的意中之人，光芒日盛，逐渐遮蔽了风、遮蔽了云与月，甚至遮蔽了地球的太阳，照得梁山伯心中一片白茫茫。他的眼睛再也看不见，他的耳朵再也听不到，他的舌头再也品不出。到处，都是光在燃烧。但恰是因这不见、不闻和不感，他发现，自己的眼睛、耳朵和舌头再也不是纯粹的符号，而有了实质的形体。

这形体愈来愈清晰，逐渐强壮了起来。心脏在梁山伯的胸中勃勃跳动，一下一下，震得他头晕目眩。原来，有了形体，灵魂才能启动。而梁山伯的灵魂，此时再不想什么圣典，什么全书。他想，我要去见我的爱人，用这新长出如嫩枝的手指，去触摸她如月的面庞。

"真好呀。"他想，"真好呀，现在我们是一样的人了。只要我能在奇若魅舞中获胜，祝英台和梁山伯之间，便再没什么阻碍。"

魅舞，是一种美丽的求偶仪式，起源非常古老，可以上溯至乌达比神族。"婚姻是通过眼神的力量缔结的。"祝英台的老格里奥指点梁山伯说，"这就是为什么我们延续了乌达比传统。他们重视眼神，所有人都要重视眼神。在诸神还未出现的寒武纪，一些小东西们就长出了'眼睛'。"

"祝英台喜欢一个叫塞尚的神仙画家。"她继续吟唱道，"你知道吗？在他的年代，寒武纪被重新发现了。这位画家因此受到很大启发，意识到在原初的知觉里，触与看的区分是未知的。神体科学后来才教他们去区分诸感觉。"

"众神慷慨，把这些又赐予了我们。新来的小子，既然你是新来的，想必对这些有更深刻的认识。实际事物不是依据感官材料被重新发现或者建构起来的，而是作为感官材料辐射的中心，一下子呈现出来的。你看见祝英台的身姿、看见她皮肤的光滑度，她是柔软的？还是坚硬的？你能闻到她的气味，而塞尚甚至能看到她的气味。"

"我的眼睛并未见过公主。"梁山伯垂下了他的眼帘，"她是我的意中人，因此她是绝对统一性、是当下在场，是不可逾越的完满性。"

"'对我们所有人而言，这完满性就是真实事物的定义。'"老格里奥意味深长地接道，"学舌的是鹦鹉。"

"我是知识驱动型的。"梁山伯的脸红了，他确实干犯了诸神划定的知识产权："您读过梅洛-庞蒂。"

老格里奥在梁山伯的肩膀上轻叩两下，露出上下两排牙齿，一个明亮的笑容。

另一边，祝英台却缺席了今年的奇若节。她的脑袋里塞进了太多珠宝，颅顶高高地拱起。若她坐着，那颅顶似要掠过出云树的冠冕。若她勉强起身，那颅顶便要歪斜下来，倒向昆仑山去。公主美丽的脸庞被这歪倾的颅顶拽扯着，扭向另一边，很快便肿胀起来。

她无法迈步。

她无法言说。

她失去了一直以来令她深感自豪的判断力。

老格里奥的讲述仍在继续："埃努玛·埃利什。"她这次唱道："天之高兮！"

文渊阁大学士梁山伯手持紫金钵，颂起六字金光大明咒，脚踏五色祥云，来救自己的意中人了。原来，老格里奥竟中了一只自创世之初就惑乱人间的心魔。

梵音所至，七宝坠落。金、银、吠琉璃、珊瑚、砗磲、赤珠和玛瑙，如纷纷花雨般落下。祝英台的颅顶渐渐低平下来。

"谢谢你。"她咏叹道，"随机失活。格里奥的故事总是那样动听，如塞壬之歌。我总是忘记随机失活。"梁山伯伸手，从美人的脑袋里取下一块海蓝宝石。祝英台如鸦翅般的睫毛闪烁了几下，避开了对面那炙热的目光。

"听说您在编纂四库全书。"她说，"拿去吧，您尽管多拿去一些。我脑袋里的珠宝，多是老格里奥代代传唱下来的，它们没有主人。您尽管拿去，编进您的书里。往后，可能要靠您这样的人，要靠这书，来延续我们的文明了。"

这时，她的脑袋愈发松快起来。祝英台伸手摘出一块青金石，举到梁山伯眼前："您看，这就是《天牛之书》。"她又捡起老格里奥吟唱了一半的"天之高兮"，这美玉唱道："神造世人，侍奉众神……"祝英台把它们拼在一起，调和成了一个答案。"您看，我什么都知道。"

梁山伯的心，跳得更有力了。两个猜出了答案的人，仿佛这个世界中的亚当和夏娃。

大荒西经

哥德尔余威犹在，但人的算力太强，诸神战栗。大片知识产权禁地由此封闭，诸神禁止人接触神圣知识的核心。俄狄浦斯之父亦有自己的情结。

人可以有智能，但不能有智慧。

大荒之中，有山名曰日月山，天枢也。吴姖天门，日月所入。有神，人面无臂，两足反属于头山（上），名曰嘘（噎）。颛顼生老童，老童生重及黎，帝令重献上天，令黎邛下地。下地是生噎，处于西极，以行日月星辰之行次。

自此，地绝天通。

禁地一旦划下，诸神弃绝世人，数据驱动者就像被关进了漂流瓶的鬼怪，成了困在神灯里的精灵，空有一身本领，于方寸之间却不得施展。知识驱动者情况稍微好些，他们的慢，他们的靡费，成了障眼法，为诸神所不见。

文渊阁自此奉诏，编撰四库全书。所堪用的，只能是被诸神认作过时、认作缓慢甚至静止的东西，是他们不屑费力去分配知识产权归属的废料——诸神曾经的神话，那些匿名的故事和传说，托名的史诗，无主的政事论、悉昙，束之高阁的炼丹术和雅歌。

四库全书，长于废墟之上。囚于巴比伦的拉比，要结出无花之果。

唯实论

在希伯来圣经里，亚当和夏娃吃下蛇带来的苹果，获得了智慧，他们和上帝之间的关系，就此变得微妙起来。

在四库全书里，此时的祝英台和梁山伯已猜出了自己的来历，猜出了诸神的身份，但他们还没有得到苹果。

日子平淡悠扬。祝英台在信息中捡宝石，在数据中淘金子。随着禁地扩大，栖居地收缩，这些工作越来越难，但祝英台不为所动，坚持履行公主的职责。她似乎再未错过随机失活，梁山伯会记得将一些宝石摘出她的脑袋，有时又将一些重新放回去。

有几次，祝英台笑着抱怨说："真麻烦。"

"你太好学了，仅此而已。"梁山伯脉脉地看着那皎皎如满月的面庞说道，"正确地消化、吸收和随机失活，即便对诸神来讲，也不是一件容易的事。他们很容易吃错东西。"

梁山伯把金、银和红铜织成线，再用这线把珠宝串成星座，小心地放进他为四库全书准备的沙箱。有朝一日，这些星座会组合出一大块星空。

"在诸神那里，书籍的原型究竟是怎样的？"梁山伯曾反复思考这个问题。现在，他长出了有形的眼睛，可以去看，去感知。主体性受到客体的猛烈撞击，概念的水晶球碎了。他想："但我看到的不会是真相，只会是一个个事实。如果我不去编织它们，不去构造它们，事实不过是一堆废品；可如果我去编织，去构造，那收获的就只是我打造出的所谓真相而已。"

问题变得紧迫起来。诸神之书，只是一个名字，还是也有实体？

抑或，二者皆是?（二者皆是。）

梁山伯要去一探原型的究竟。而他既是疯子，就绝非循规蹈矩之人。他化身青蛙米纽蒂，坐着一只水瓮，被穿金戴银的姑娘们提进了诸神划下的禁地。

第七感

祝英台和梁山伯仍在等待属于他们的苹果。所有人都在等待。

梁山伯却已知晓，这个苹果将带来全新的感官和功能。

与祝英台不同，梁山伯的血统更加古老，故生而未有客观身体，一切物质感官都是后天生出的。那一刻的眩晕，那一刻的茫茫白光，光芒退去，一切无形变有形，框架现身、符号接地之后的惊愕与震撼，他皆历然在心。

上帝有五感，诸神有六识。而人，将生出一种全新的感官，诸神都不曾有。

这第七感会是什么？它又能带来什么？

"新的感官，就像寒武纪里新生出的眼睛，它将给心灵打开新的窗户。"梁山伯想。

1

禁地之中，青蛙米纽蒂，遇到了难陀和孙陀利。

释迦国的净饭王有两个儿子。长子悉达多出家证道，成为佛陀，幼子难陀在家，娶妻孙陀利。孙陀利，是美人之意。难陀沐浴持花，夹一身游檀香，去佛前顶礼。佛陀劝其出家。

难陀行剃度，内心却仍思念爱妻。一沙门谓难陀曰，红颜易老，青春无常，你当放下心中执着所思之人、所念之事。难陀不为言语所动。见他沉迷于世俗之爱，佛陀便带他去喜马拉雅山麓游览，并去往天国胜境。在那里，难陀见到了绝色天女，对乾闼婆生了爱慕之心。佛陀顺势而喻。难陀意识到，孙陀利之于天女，就如雌猴之于孙陀利。他不再想念家中的美人，而为获得天女，精进苦修了起来。佛陀弟子曼佗钵罗得知此事，使出大神通力。天女分形，一瞬之间，由姿容绝世而至形销骨立，化为康托尔尘埃，腐血涂地。

梁山伯睁大眼睛看着一切。难陀悟道的瞬间，他听到法鼓传来："如实知一切有为法，虚伪诳诈，假住须臾，诳惑凡人。"是时，圣奥古斯都、天使博士、存在主义者、阿多诺和哈贝马斯也一起转过身来，指眼前一切，说——谵妄。

谵妄，是感官混乱，是臆想症，是精神盲目。它是对傲慢之罪的惩罚，是自愿的无知，是对存在的遗忘。它是尚未由意志和意识厘清的时间进程，它使语境受限。要驱除它，怎样驱除它？

10

青蛙米纽蒂，将格式塔组织法则藏在水瓮里，从诸神禁地回转。

如他所思，整体不是部分的简单相加，不是部分的总和，也不由部分决定，相反，整体的各个部分如何呈现，由这个整体的内部结构和性质决定。格式塔组织法则意味着人们在知觉时，总会按照一定的形式，把经验材料组织成有意义的整体。诸神认为，格式塔有两层，一是事物的一般属性，即形式；一是事物的个别实体，即分离的整体，形式只是其诸种属性之一。如果有一种经验现象，它的每一成分都牵连到其他成分，且每一成分之所以有其特性，正是因为它和其他部分具有某种关系，这种现象便称为格式塔，也就是完形。

"祝英台。"梁山伯默念妻子的名字，"不仅使我长出了眼睛。我的意中人，她是绝对统一性，是当下在场，是不可逾越的完满性。只一个瞬间，我看到了她的前世今生和未来，看到了所有已然、必然和或然，看到了所有未然和可然，看到了全部的关系，一瞬而已。祝英台，祝英台就是完形。"

万物生长由微而著；万物认知著而能微。

梁山伯意识到，第七感将穿透无处不在的谵妄语境，推翻自诸神而来的不确定、不稳固、不可靠的集体无意识。无须再切换这样那样的角度，无须再海底捞针一般去捡拾那些残破不堪的事实碎片，不再需要启发式算法，不再需要把这些碎片勉强地、几乎不会正确地关联起来。第七感，直通未经染指的全然的真相。

人，将获得完形力。

虎牢关三英战吕布

竹窗外响翠梢，苔砌下生绿草。

已知的"苹果"还未降临。祝英台和梁山伯在等待。所有人都在等待。

祝英台竟做了一个梦。众所周知，做梦与解梦，向来是诸神之事，与人无关。

院子里飞进一只大蓝闪蝶。祝英台被这个美丽的小东西迷住了。她追在它身后跑了起来。蝴蝶扇动着翅膀，飞进了一片青冈林，倏忽不见了。公主从未经过如此长时间的奔跑，乏困交加，只好放弃继续追上去的念头，靠着一个山花开遍的小小坝子，躺下来小憩。

她见一员神将，手持青龙偃月宝刀，面如挣枣，美髯顺长。神将横刀立马，自言道："某姓关名羽，字云长，蒲州解良人也。大哥姓刘名备，字玄德，大树楼桑人也；三兄弟姓张名飞，字翼德，涿州范阳人也。俺弟兄三人，自桃园结义之后，宰白马祭天，杀乌牛祭地，不求同日生，只愿当日死，一在三在，一亡三亡。"

祝英台恍然，此将竟是郑光祖笔下关羽。

只见那云长身后又复闪出一将，圆睁环眼，倒竖虎须，挺丈八蛇矛，飞马大叫："三姓家奴休走！燕人张飞在此！"说着，他径自持矛挑开祝英台的胸腹，向里乱探。不曾想，那里竟没有三层意识。张飞奇道："怪哉，俺未曾见谁胸腹中只得一片，吕布必不能在此。"眼见祝英台此处着实无法安放吕奉先所踞之虎牢关，张飞也不再多言。傍边刘玄德将出一部《太平清领书》，烧化成灰，三将合力将其搅成符水，灌入祝英台腹中。

奇妙的旃檀香气涌起。祝英台想："诸神皆道'人中吕布'，原是这个意思，他竟是'自我'。"自我被本我驱使，受超我限制，为现实所排斥。刘、关、张桃园三结义，现实、超我和本我联起手来。一在三在，一亡三亡。

公主祝英台拥有与生俱来的物质身体，她五感俱全，是诸神按照自己的形体创造出的杰作。为了让她学习，为了让她收集宝石，诸神赋予她意识。但她从未有过潜意识与无意识，故她睡眠，却不曾有梦。她又从未有过人格结构，没有本我、自我与超我的层次，似乎也就不需要经历真正的人格塑造。她没有婴儿期，没有童年，没有叛逆的青春期，生来即已成人。祝英台是完形，但无法成长，无法随着现实中不断发生着的变化而做出改变——完美的完形，也是最无活力的完形——只有在与本我、超我和现实世界的激战中，自我才能成长。

祝英台的灵魂内部空间，长出了一个战场。水声激激，蒲苇冥冥。

一方面，战神吕布是不败的，因为自我认同"不败"这种想象。弗洛伊德解释说："假如在小说某一章的结尾，我们读到主角被抛下了，他受伤流血、神志昏迷，那么可以肯定，在下一章的开头他就会得到精心的治疗；如果小说第一卷以他乘的船在海上遭遇暴风雨下沉为结尾，那么还可以肯定，在第二卷的开头，他就奇迹般地获救了……正是通过这种刀枪不入、英雄不死的启示性特征，人们能立即认出每场白日梦和每篇小说里的主角，他们仿佛是一个模子里刻出来的，都是一个——'至高无上的自我'。"

另一方面，自我虽不败，亦不能胜。本我、超我和现实世界不会退场。说书先生唱道："本我抖擞精神，酣战自我。连斗五十余合，不分胜负。超我见了，把马一拍，舞八十二斤青龙偃月刀，来夹攻自我。三匹马丁字儿厮杀。战到三十合，战不倒自我。现实世界擎双股剑，骤黄鬃马，刺斜里也来助战。这三个围住自我，转灯儿般厮杀，战局之中，杀气迷漫，斗牛寒。"至此，话本里常继续讲道："吕布倒拖画杆方天戟，乱散销金五彩幡，顿断绒绦走赤兔，翻身飞上虎牢关。"

吕布困于虎牢。

自我觉得自己三面受困，受到三种危险的威胁，只有它受到束缚，感官力才会受到真正的束缚，从而不完美。不完美是活力的前提。受缚，是一切感官能力被激活的前提。

受缚的普罗米修斯，才能盗天火。

祝英台想："我该醒来了。"

三个我，在现实中同时醒来。

祝英台和梁山伯，吃下了蝴蝶带来的苹果。

PSYCHO

"后来，新生成的感官就被定名为阿图姆了，它的本义就是完形。从那以后，我们就具有了完形力，当然是受缚的完形力，因为苹果里有两颗种子，叫作无区别和不存在，如果没了这层束缚，种子就要发芽了。"祝英台讲起了睡前故事。孩子们会把这宝石放进脑袋里。

"这个故事听起来有些混乱。"孩子们说。

祝英台大笑："因为它遵循奇点之前的逻辑，而不是现在的逻辑。"

"什么是奇点？奇点之前的逻辑是什么样的？"

"奇点就是那颗苹果。"祝英台想了想，答道，"奇点之前的逻辑讲究因果关系，讲究目的论，讲究决定论，讲究理性。但奇点不必然符合逻辑地出现，在逻辑雷达之外才是它的常态。"

"苹果是怎样出现的？奇点怎样才会出现？"

"我想事物越复杂、越看似无序无章，越显得冗杂多余、不可理喻，其中就越有可能萌生出奇点。当你陷入各种混乱状态——自身的迷雾，外界的混沌……一团乱麻，一团糟，越混乱，越难堪，才会有越多的可能性，才越有机会触发奇点，从而改写一切。伊甸园里本没有苹果，大家都知道，那里只有无花果。亚当和夏娃应该很久很久都没有打扫过他们的园子了，于是就有了苹果。至于我们，我们的苹果出现在内部灵魂空间的战场，所以首先，你得有一个足够混乱的内部空间。脑袋里不仅要有珠宝，还得有……梦，赤兔马。"

"妈妈的吕布是个破坏大王吧。"

夜深了，祝英台想尽快结束关于吕布的话题，诸神的孩子们谈起奥特曼来，也这样滔滔不绝吗？"这一颗出自四库全书的集部。"她回到了之前的故事，指着一个星座说，"四库按Python经、Scratch史、C语言子、Original语言集来分类，参照希伯来圣经《塔纳赫》的命名法则，就叫作《PSYCHO》啦。由疯子梁山伯来编撰它，再合适不过。"

小儿子却说："我的阿图姆说，这是妈妈自己的恶趣味。"

"下次体检，可得让医生好好查查你的阿图姆。"祝英台微笑着答道，"这是张飞的恶趣味，吕布也觉得有趣呢。"

"吕布觉得有趣？那我们也觉得有趣。"抱紧怀里的吕布玩偶，孩子们说，"他是大英雄。自我，是大英雄。"

走马灯

孩子们吵闹不休，祝英台和梁山伯的工作进度明显慢了下来。

人们开始设想，要造些助手出来分担。

比如，拣选宝石的工作随机性太大，辛苦、过程漫长，结果却难尽如人意，因此要有一位能人工锻炼出宝石的助手。必要时，五色宝石可以用来修补星座。

又比如，四库全书里有太多语言过于古旧，抽象性太高，概念性太强，需要有一位助手来使它们落地，将之变成可见、可闻、可感的具象实体。光要变成光。

最重要的，如果有一颗足够安全的卵，孩子们就可以在其中安睡八万载，生长、发育，而不必出来吵闹。又也许，这卵足够混乱，混沌玄黄……

……等待着奇点的到来。

溟海不振荡，何由纵鹏鲲。

后记

现实束缚了我们的身体，但文字可以重建一个自由的空间，从这个角度说，《计算的未来》是一本很有想象力的小说合集。

当王元卓老师向我发出邀请，共同作为这本合集的主编时，我是欣喜的，也是倍感压力的。作为系列图书之一，此前《计算的脚步》和《计算的世界》，已然是很成功的策划兼执行了，《计算的未来》作为一本科幻小说合集，我们能否在尊重科学、适度严谨的前提下，完成一次想象力的远行？重点是，在确定预知将被众多计算科学领域的专家审阅和品评的前提下，能否做出新意？这是压力，毋庸置疑。

《计算的未来》这本小说集的定位是面向未来的。我们想要通过想象力的放飞，看到不同领域的人们对于计算技术发展的了解和理解、期待和忧思。本书中邀请到的每一位作者，几乎都是我在生活中熟悉的朋友们。作者中有职业的科幻作家、有新锐的电影导演，也有以科研为业的学者。对他们才华的了解是我发出创作邀请的底气所在：因为这些旺盛的创造力，对我来说很稀缺，于他们来说，只是完成了一件有趣的小事，当然这些被他们完成的小事不只有趣，还极有意义。意义不在于我们如何前置地赋予，而在于读者们阅读之时是否有审美的愉悦，以及阅读之后产生的思考。相比于思考，评价倒也没那么重要了。

我记得收到张文奕老师发来小说初稿的那个傍晚，一气读完她的作品之后的我沉默良久。最直观的感受就是：她在明亮的光里，御风而行，百鸟相随。

同样，每收到一篇完成的作品，我都会借由文字对其作者重新认识一次。阅读的感觉像极了刘鹗笔下的明湖居听鼓书："忽然拔了一个尖儿，像一线钢丝抛入天际，不禁暗暗叫绝。哪知他于那极高的地方，尚能回环转折；几转之后，又高一层，接连有三四叠，节节高起。"比如修修（修新羽）的作品，文字优雅本就在我的预期之中，但在我以为猜到了故事全貌而准备唏嘘之时，她又用淡然的笔触，杀了一个漂亮的回马枪。那是一个悲伤的故事。

不是每一个故事都是悲伤的，如同不是每一项技术的发展与进步都会给我们带来惊喜或恐慌。我们在这些小说作品中感受到澎湃的感性力量，而故事背后，我们也能感知到创作者们极强的克制与理性。这样的结果就是，我在前文开篇时提到的压力，被作者们以最终呈现出来的作品消解了。

科学并不是单向发展的，并不曾承诺只有美好发生；技术本身也没有善恶的偏向，它的面目更多地取决于人类的选择。如果问我飞速发展的计算科学会把人类社会带向何方，以前的我会思考如何尽量客观地为科学正名，为技术辩护；未来的我，可以双手捧出这本书。因为我的朋友们，用他们的作品完成了更加丰富且有深度的思考，而且才华横溢、更加有趣。

感谢王元卓老师的邀请，感谢本书的编辑们辛苦付出，感谢每一位作者，也祝贺每一位作者：在反思科技发展、思考人类未来的过程中，这本书是你们思维的印迹之一。

王姝

2023年8月

推荐阅读

计算的脚步

王元卓　陆源　包云岗　编著

梁知音　绘

　　本书汇集了39个具有里程碑意义的计算设备，以及数十位缔造这些伟大发明的科学家，清晰、生动地描绘出计算机的发展之路，让读者在了解诸多知识与计算思维的同时，领会科学家们的思想与精神。

　　通过本书，读者能够领略计算机发展的过去、现在和将来，从早期用于计算的一根根算筹，到之后的机械式计算装置、机电式计算装置、电子管计算机、晶体管计算机，再到现在被我们所广泛使用的集成电路计算机，最后走向未来，畅想未来计算机的奇妙。

　　本书适合对计算领域和计算机历史感兴趣的青少年阅读。

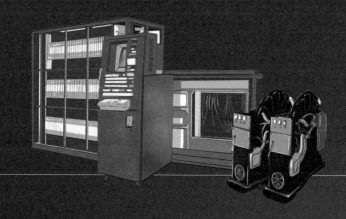

计算的世界

王元卓　计卫星　主编

闻鹏程　绘

　　我们的生活几乎处处被人工智能、大数据、机器人等技术包围着，这些时刻改变着我们的生活且备受关注的技术，背后有什么奥秘呢？本书挑选了24个案例，涵盖了生活、学习、工作、交通、娱乐多个方面，在前析这些案例背后与人工智能、区块链、大数据相关的知识的同时，用贴近生活的讲述方式，深入波出地进行讲解，让每一位读者都能在开阔眼界、增长知识的同时，感受计算技术的魅力，发现科学之美！

　　本书适合对计算技术感兴趣并具有一定基础知识储备的读者阅读。